PUHUA BOOKS

我
们
一
起
解
决
问
题

我们一起解决问题

激发乡村振兴
绿色新动力

农村废弃物回收利用与环境治理

中国再生资源回收利用协会◎主编

人民邮电出版社
北　京

图书在版编目（CIP）数据

激发乡村振兴绿色新动力 ： 农村废弃物回收利用与
环境治理 / 中国再生资源回收利用协会主编. -- 北京：
人民邮电出版社，2023.12
ISBN 978-7-115-62644-8

Ⅰ．①激… Ⅱ．①中… Ⅲ．①农业废物－废物综合利
用－研究 Ⅳ．①X71

中国国家版本馆CIP数据核字(2023)第179779号

内 容 提 要

本书聚焦农村人居环境整治，探索农村人居环境整治的路径。书中邀请了十余位专家，从专家视角、政府行动、企业实践三个维度收纳了多篇代表作，用体系建设、农药包装废弃物、废旧农膜、秸秆等专项领域的成功案例解答农村环境治理之困，通过聚焦农村人居环境改善难点，从农村生活垃圾治理模式、废旧农膜回收处理、农药包装废弃物回收、秸秆综合利用、报废农机处理等多个主要领域，总结、梳理近些年相关颇具成效的管理经验、市场模式及关键突破点，就如何统筹各方资源、创新优化工作机制、升级服务模式、推动项目快速落地等方面为各行业读者提供相关知识、经验和参考。

本书适合农村生活垃圾治理、废旧农膜回收处理、农药包装废弃物回收、秸秆综合利用、报废农机处理等领域的政府主管部门工作人员、专家学者、大中专院校相关师生、从业企业管理人员、广大热爱公益的群众阅读。

◆ 主　　编　 中国再生资源回收利用协会
　　责任编辑　 贾淑艳
　　责任印制　 彭志环
◆ 人民邮电出版社出版发行　　　　　北京市丰台区成寿寺路 11 号
　　邮编 100164　 电子邮件 315@ptpress.com.cn
　　网址 https://www.ptpress.com.cn
　　涿州市般润文化传播有限公司印刷
◆ 开本：720×960　1/16
　　印张：10.5　　　　　　　　　　2023 年 12 月第 1 版
　　字数：283 千字　　　　　　　　2023 年 12 月河北第 1 次印刷

定　价：69.80 元

读者服务热线：（010）81055656　印装质量热线：（010）81055316
反盗版热线：（010）81055315
广告经营许可证：京东市监广登字 20170147 号

序一

改善农村人居环境，是实施乡村振兴战略的重点任务。

中共中央于 2018 年起实施农村人居环境整治三年行动，聚焦农村生活垃圾、生活污水治理和村容村貌提升等重点领域，集中实施整治行动。截至 2020 年年底，《农村人居环境整治三年行动方案》目标任务全面完成，农村人居环境得到明显改善，农村长期存在的脏乱差局面得到扭转，村庄环境基本实现干净整洁有序，农民群众的环境卫生观念发生了可喜的变化，生活质量普遍提高，为全面建成小康社会提供了有力支撑。

为接续推进新发展阶段农村人居环境整治提升工作，2021 年中共中央持续发力，实施农村人居环境整治提升五年行动，着眼于到 2035 年基本实现农业农村现代化，从推动村庄环境干净整洁向美丽宜居升级。这标志着农村人居环境建设已经进入系统提升、全面升级的新阶段。三年行动的成果将进一步巩固拓展，农村人居环境的区域发展将更平衡、基础生活设施将更完善、管护机制将更健全，农村人居环境整治提升工作将迈入新的征程。

2023 年，农村人居环境整治提升工作开局良好，进展有力：一方面，全国农村卫生厕所普及率超过 73%，90% 以上的自然村生活垃圾得到收运处理，95% 的村庄开展了清洁行动；另一方面，娄底市、济宁市、肇庆市等多地颁布施行农村人居环境治理条例，为推动农村人居环境治理的制度化、常态化、长效化提供了制度保障。与此同时，农村生活垃圾分类、塑料废弃物、秸秆堆积等问题仍然是全国农村人居环境整治提升工作的重点，农村人居环境区域发展不平衡问题突出，偏远、经济欠

1

发达地区农村人居环境整治提升任务艰巨。

我国幅员辽阔，不同区域农村条件差异很大，整治提升农村人居环境需要因地制宜、因势利导。目前业内尚没有可直接借鉴的对象，必须深入挖掘被证实有效的发展路径。中国再生资源回收利用协会积极发挥作为联系全国农村垃圾分类和环境治理创新资源的纽带、推动实现治理价值的平台等作用，聚焦农村人居环境改善难点，从农村生活垃圾治理模式、废旧农膜回收处理、农药包装废弃物回收、秸秆综合利用、报废农机处理等多个主要领域总结、梳理近些年相关颇具成效的管理经验、市场模式及关键突破点，就如何统筹各方资源、创新优化工作机制、升级服务模式、推动项目快速落地等方面为各行业读者提供相关知识、经验和参考，为不断提升农村人居环境质量提供示范带动作用。本书注重理论与实际相结合，模式与案例相对照，具有较强的可读性、可操作性。

眺望未来，农村美好生活图景正在尽情铺展。改善农村人居环境意义重大，事关广大农民根本福祉，事关农民群众健康，事关农村宜居宜业，也事关全国生态文明建设的全局。我们要保持战略定力和历史耐心，绵绵用力、久久为功，不断提升农村人居环境质量，为全面推进乡村振兴、加快农业农村现代化、建设美丽中国提供有力支撑。

杜祥琬

杜祥琬

中国工程院院士、原副院长

国家气候变化专家委员会顾问

国家能源咨询专家委员会副主任

2023 年 6 月

序二

　　改善农村人居环境是实施乡村振兴战略的重点。党的十八大以来，我国先后开展了农村人居环境整治三年行动、农村人居环境整治提升五年行动，党的二十大更是提出了建设宜居宜业和美乡村，这些举措为农村人居环境改善擘画了蓝图。

　　在落实党中央战略部署的过程中，我国农村人居环境持续改善，全国农村生活垃圾进行收运处理的自然村比例达91%，生活垃圾乱丢乱放现象明显好转；农膜回收率稳定在80%，重点地区农田"白色污染"得到有效防控；秸秆综合利用率超过88%，农用为主、多元利用格局基本形成；畜禽粪污综合利用率超过76%，实现了从"治"到"用"的转变。与此同时，全国涌现出了一批治理成效突出、人居环境改善效果显著的先进典型，例如山东省商河县、湖南省娄底市、四川省泸县等在搭建农村环卫体系和再生资源回收服务体系上因地制宜、精准发力，构建了本土化的解决方案；安徽省合肥市在农膜农药包装废弃物回收处置上建立了以"市场运作、财政奖补、属地管理、专业化处置"的主要模式；江苏省高邮市通过对全市农药包装废弃物进行统一回收和集中处理，有效推进了农业面源污染治理；重庆市围绕废弃农膜治理建立了三级回收体系，自2019年以来废弃农膜回收利用率逐年攀升。

　　供销社系统作为为农服务主力军，积极参与农村人居环境治理工作，全系统97个市级社、1 050个县级社参与推进再生资源回收利用网络与环卫清运网络"两网融合"，中再生（商河）环卫有限公司助力农村环卫一体化发展的"零桶模式"、山东中再生环境科技有限公司农药包装废弃物回收服务模式、中再生徐州资源再生开发有限公司的废旧农膜回收处理模式等实践工作如火如荼，在当地、在系统内外获得了一致认可。

中国再生资源回收利用协会（以下简称"中再生协会"）作为供销总社直属的国家一级社团组织，切实落实总社农村人居环境治理分工，开展了农村地区"两网融合"体系建设、"一网多用"等研究，调研江苏昆山、张家港、高邮、黄山等地市社的农药包装废弃物回收利用情况，主办了农药包装废弃物回收典型案例推介会，召开了"2022中国农林废弃物资源化发酵技术发展与应用研讨会"，取得了积极成效。

全面实施乡村振兴战略，以建设宜居宜业和美乡村为目标，我们需要清醒地意识到，虽然人居环境整治工作取得了阶段性成效，但部分脱贫县人居环境整治水平相对较低、社会监督机制不健全、缺乏长效机制、农民参与不充分等问题依然突出。为展示农村人居环境整治提升工作的最新成果，复制推广典型经验和成功做法，中再生协会"绿色发展"系列丛书第四部聚焦农村人居环境整治，从专家视角、政府行动、企业实践三个维度收纳了多篇代表作，用体系建设、农药包装废弃物、废旧农膜、秸秆等专项领域的成功案例解答了农村环境治理之困，以推动宜居宜业和美乡村建设，推动乡村全面振兴。

最后，愿本书能给关心、致力于农村发展的有关单位和个人带来一些启发。中再生协会持续关注农村人居环境整治提升工作，受篇幅所限，本书未能详尽之处，敬请关注后续研究。

徐铁城

中国再生资源回收利用协会会长

2023 年 6 月

目　录

提高我国农村环境治理能力的思考

中国发展研究基金会研究员　程会强

新阶段、新理念、新格局下的农村环境治理已成为生态文明建设在新型城镇化建设中的重要体现，成为体现国家治理能力的重要标志，成为城乡统筹和乡村振兴的巨大社会系统工程。针对当前农村环境治理的表层挑战和深层挑战，本文介绍了构建农村环保与经济发展统一的政策法规体系；构建新型农村环境保护体系；建立农村—环境一体化体系；构建多元共治的农村环保责任体系；推动农村环境综合整治示范工程；建立多元化的农村环保资金保障体系方面的内容与建议，以期形成符合我国国情和中国特色的农村环境治理体系，提高我国农村环境治理能力。

一、我国农村环境治理的战略定位

随着我国新型城镇化进程的迅速发展，农村环境问题对城乡统筹和乡村振兴的制约越来越突出。农村环境问题已不仅是环境问题，不仅是资源问题，也不仅是观念和资金、技术问题，还关系到我国生态文明建设。农村环境治理已成为一项巨大的社会系统工程，而且是生态文明建设在新型城镇化建设中的重要体现。

《中共中央关于制定国民经济和社会发展第十四个五年规划和二〇三五年远景目标的建议》明确指出："深入实施可持续发展战略，完善生态文明领域统筹协调机制，构建生态文明体系，促进经济社会发展全面绿色转型，建设人与自然和谐共生的现代化。"这意味着，在新阶段，农村环境治理已进入生态文明新时代，成为我国城镇治理能力的一个凸显标志。目前，农村环境治理还是我国环保工作的短板，改善农村环保工作是当前重要的民生工作。要以"创新发展、协调发展、绿色发展、开放发展、共享发展"等新理念为指导，面向农村人居环境整治等基本要求和农业农村减排固碳等新要求，以绿色化为贯穿主线，提升我国农村环境治理能力和水平，助力实现新型城镇化。

二、我国农村环境治理的主要问题

1. 主要挑战

（1）**表层挑战**。农村环境问题主要表现：农村生活污染严重，"脏、乱、差"现象尚存；农村工业污染凸显，城市和工业转移污染加剧；农业废弃物利用率低，畜禽养殖污染日益严重；水污染日趋严重，农村饮用水的安全受到威胁；农用化学品的过量使用导致耕地受到严重污染；农村环保基础设施薄弱，农民环保意识有待提高等等。

（2）**深层挑战**。农村环境问题主要表现：农村环保缺少相关法律规定；农村环保缺少专门管理机构；农村环保缺少相应技术标准；农村环保未入公共服务体系；农村环保缺少城乡统筹规划；农村环保缺少建设运行经费等等。

2. 焦点分析

当前，垃圾污染成为面源污染，垃圾危害超过生产危害，环境质量影响生活质量。治理垃圾污染成为农村环境治理的焦点，垃圾治理成为改善农村人居环境的重点领域。据调查，农村每人每天的平均产生生活垃圾约为 0.8 千克，全国农村生活垃圾年产量近 3 亿吨。农村生活垃圾产生量占全国生活垃圾总量 3/5 以上，但无害化处理率不足 70%。而且农村生活垃圾产生量每年以 10% 的速度增加，年增长率逐渐超过城市。但同时我们应看到，农村生活垃圾中可再生资源占据主体。据抽样调查，浙江省农村生活垃圾中 50.12% 为厨余垃圾，38.85% 为可回收物，3.12% 为农药瓶、废旧电池等有害垃圾，7.91% 为其他垃圾。我们需要根据农村垃圾特点科学分类，探索多元化农村垃圾治理利用模式，如户分类、村收集、镇转运、县处理的平原模式；因地制宜、就地分拣、综合利用、无害处理的山区模式；城乡统筹、区域辐射、联合共建、利用处理的综合模式等。

三、我国农村环境治理的政策演进

我国政府高度重视对农村的环境治理，而且形成了逐步完善的政策体系。尤其是党的十八大以来出台的一系列文件，指明了农村环境治理的政策方向，同时为农村环境治理提供了政策保障。

2015 年，住建部等十部门印发的《关于全面推进农村垃圾治理的指导意见》指出，到 2020 年全面建成小康社会时，全国 90% 以上村庄的生活垃圾得到有效治理，实现有齐全的设施设备、有成熟的治理技术、有稳定的保洁队伍、有长效的资金保障、有完善的监管制度。适合在农村消纳的垃圾应分类后就地减量。果皮、枝叶、厨余等可降解有机垃圾应就近堆肥，或利用农村沼气设施与畜禽粪便以及秸秆等农业废弃物合并处理，发展生物质能源。

2017 年，生态环境部发布的《全国农村环境综合整治"十三五"规划》明确，到 2020 年，新增完成环境综合整治的建制村 13 万个，累计达到全国建制村总数的 1/3 以上；农村环境综合整治主要任务包括农村饮用水水源地保护、农村生活垃圾和污水处理、畜禽养殖废弃物资源化利用和污染防治；落实《关于加强"以奖促治"农村环境基础设施运行管理的意见》；县级人民政府出具环保设施运行维护资金来源的承诺函，并把承诺函作为农村节能减排资金安排的前置条件。

2018 年，环境部、财政部印发的《农业农村污染治理攻坚战行动计划》指出，统筹实施污染治理、循环利用和脱贫攻坚，系统推进农业投入品减量化、生产清洁化、废弃物资源化、产业模式生态化；统筹考虑生活垃圾和农业废弃物利用、处理，建立健全符合农村实际、方式多样的生活垃圾收运处置体系；将农业农村环境保护纳入村规民约，建立农民参与生活垃圾分类、农业废弃物资源化利用的直接受益机制。

2020 年，中共中央办公厅、国务院办公厅印发的《关于构建现代环境治理体系的指导意见》明确提出，健全领导责任体系、企业责任体系、全民行动体系、监管体系、市场体系、信用体系、法律法规政策体系；垃圾分类作为全民行动体系内容纳入国家现代环境治理体系。

2020 年，住建部等十二部门印发的《关于进一步推进生活垃圾分类工作的若干意见》要求，发挥居（村）民委员会在组织社区环境整治、无物业管理社区生活垃圾清运等方面的积极作用；各省级人民政府结合本地实际，针对农村自然条件、产业特点和经济实力等情况，选择适宜的农村生活垃圾处理模式和技术路线，统筹推进农村地区生活垃圾分类。

2021 年，中共中央办公厅、国务院办公厅印发的《农村人居环境整治提升五年行动方案（2021—2025 年）》要求，协同推进农村有机生活垃圾、厕所粪污、农业生产有机废弃物资源化处理利用，以乡镇或行政村为单位建设一批区域农村有机废弃物综合处置利用设施，探索就地就近就农处理和资源化利用的路径；扩大供销合作社等农村再生资源回收利用网络服务覆盖面，积极推动再生资源回收利用网络与环卫清运网络合作融合；协同推进废旧农膜、农药肥料包装废弃物回收处理。

2022 年，农业农村部、国家发展改革委印发的《农业农村减排固碳实施方案》指出，实施乡村建设行动，推动农业农村废弃物资源化利用，发展生物质能等清洁能源，促进农村生产生活节能降耗，改善农村人居环境，是实现乡村生态宜居的关键所在。

上述政策表明，农村废弃物回收利用不仅与农村垃圾治理、污染治理、人居环境整治息息相关，而且是解决系列问题的关键。农村废弃物规范回收、科学利用，不仅可以产生巨大的资源效益，而且具有重要的环境效益和社会效益。

四、我国农村环境治理的思考建议

农村环境治理的基本思路，要从生态文明建设和国家治理体系的战略定位着眼，按社会系统工程思维方式组织农村环境治理，从提高农村环境治理能力和培育新兴战略性产业的视角实施农村环境治理。

（一）形成农村环保与经济发展统一的政策法规体系

在基础政策层面，完善国家法律法规、地方法规条例、环保标准；在核心政策层面，完善环境税收、财政补贴、排污收费、生态补偿、污染治理技术政策、绿色信贷等；在辅助政策层面，完善环境监管体制、绿色发展考核制度、信息公开制度、宣传教育、公众参与制度等。

（二）构建新型农村环境保护体系

建立农村—环境一体化体系。该体系包括农村的自然生态环境、农村的农业生产环境和农村的农民居家环境三个层面；以村为主体，综合各部门的资源，通过新农村建设体系全面开展农村环境保护工作；把垃圾分类、农村废弃物回收利用与农村环境治理、乡村振兴相结合，创造村民保护环境和源头预防的动力。

（三）构建多元共治的农村环保责任体系

农村环境治理，需要从政府单一主体供给转变成多方联合供给。农村环保责任体系的分配，不应该仅仅局限于政府系统内部，而应该在包括政府机构、村民、企业以及其他社会组织等在内的整个社会体系下进行分配。其中激发多方参与者的积极性进而降低治理成本，在农村环保中具有极大的必要性与可能性。

（四）推动农村环境综合整治示范工程

实施农村废弃物回收利用示范工程、农村垃圾治理利用示范工程、农村饮用水的水源地污染治理示范工程、农村污水处理设施建设示范工程、规模化畜禽养殖污染防治示范工程、农村工业区污染防治示范工程等。

（五）建立多元化的农村环保资金保障体系

其中应包括中央农村环保专项资金、相关部委农村环保资金、地方政府农村环保配套、按污染者付费原则资金、村民缴纳农村环保费用、市场融资和绿色信贷资金等。

综上所述，构建符合我国国情和中国特色的农村环境治理体系是实现农村环境治理长治久安的根本保障。只有农村环境治理能力有所提高，整个国家的环境治理能力才能得到整体提高，建设美丽中国的宏伟目标和建设人与自然和谐共生的现代化才能如期实现。

作者简介

　　程会强，博士、研究员，国务院发展研究中心直属单位中国发展研究基金会副秘书长。

农业废弃物资源利用标准体系建设及明细表研制

中华全国供销合作总社天津再生资源研究所　李曼　张莉　赵斌

本文给出了农业废弃物资源利用标准体系的构建及标准明细表编制的总体原则和基本方法——遵循标准体系建设方法论及相关要求，系统分析农业废弃物生命周期各阶段技术及管理标准需求与现状，建立符合产业发展方向的农业废弃物资源利用标准体系；给出了综合性基础标准子体系，农业废弃物回收、运输、储存标准子体系，农业废弃物资源利用子体系，再生产品子体系，循环农业子体系 5 个子体系，26 个方面的农业废弃物资源利用标准明细表，为农业废弃物资源利用标准的完善度和先进性提供了支撑。

引言

我国农业生产及初加工过程产生的生产废弃物、生产资料废弃物及初加工副产物种类繁多，总量庞大。实现农业废弃物资源循环利用，防治农业污染，改善农村生态环境具有重要意义且迫在眉睫。

目前农业生产和服务中，已发布的与农业废弃物直接相关的国家标准不到 40 个，行业标准不足 100 个，占比很小，因此也难以体现农业废弃物资源化处理技术和服务发展的现状和水平。相应的标准化研究仅以少数农业废弃物品种的利用、少数过程、产品和服务为对象，农业废弃物标准体系结构、构成的研究成果还不够丰富。关键标准研制、标准数据验证技术、标准应用及应用绩效评价等方面也不能满足标准化发展的要求。

因此，加强农业废弃物标准化理论研究，科学、系统、有序建立并实施符合产业发展方向的农业废弃物资源化标准体系，促进信息化与农业产业链间协同发展，提高农业废弃物无害化处理和资源化利用的标准化水平，是实现农业可持续发展的重要保障，是一项战略性、基础性的工作。将先进的适用技术纳入标准体系，促进先进、成熟、适用的技术成果推广实施，发挥农业科技成果在现代农业发展中的巨大作用，是促进农业废弃物资源化技术升级的重要手段。

一、农业废弃物资源利用标准体系建设总体原则

（一）农业废弃物资源利用标准体系的建设应坚持可持续发展原则，树立绿色、低碳、循环的绿色农业发展理念。

（二）农业废弃物资源利用标准体系的建设应遵循 GB/T 13016—2018《标准体系构建原则和要求》相关要求，研究行业现状，整合现有标准，建立全面成套、层次清晰的标准体系结构。

（三）农业废弃物资源利用标准体系要具有良好的前瞻性和开放性，以国家政策文件为指导，关注科技进步和行业需求的变化，长期开展动态维护更新，体现标准体系的先进性和完善性。

二、农业废弃物资源利用标准体系建设基本方法

（一）系统研究标准体系建设理论知识和方法论，依据 GB/T 13016—2018《标准体系构建原则和要求》等相关文件，建立以综合性基础标准和农业废弃物生命周期各阶段技术标准、管理标准为主体的标准体系框架。

（二）对农业废弃物资源利用行业进行调研，确定农业废弃物资源利用生命周期重点环节（废弃—收储运—资源化处理—再生产品）及循环农业重点领域；确定标准体系边界，明确农业废弃物重点研究对象及其在生命周期中各阶段的技术及管理现状。

（三）针对体系建设目标，分析农业废弃物资源利用行业技术、管理需求，结合行业调研情况与体系框架，构建农业废弃物资源利用行业标准体系结构图。

（四）系统查询检索领域内标准及标准计划项目编制情况，依据标准体系结构图、标准明细表一般编制要求，研制农业废弃物资源利用标准明细表及标准规划。

三、农业废弃物资源利用标准体系结构图

基于以上原则方法，建立的农业废弃物资源利用标准体系结构如图 1 所示。

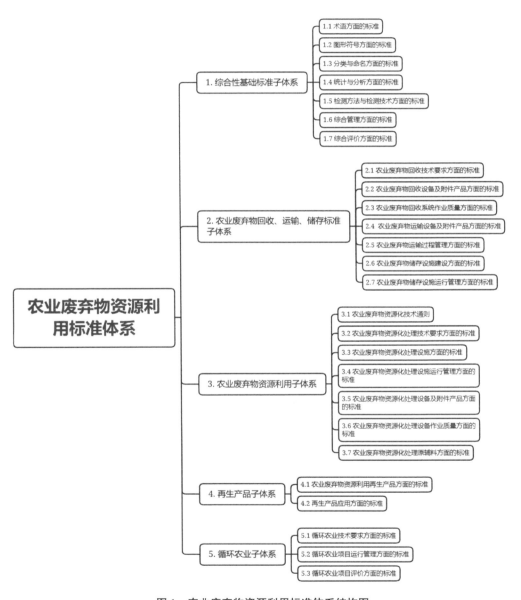

图 1　农业废弃物资源利用标准体系结构图

四、农业废弃物资源利用标准体系明细表

农业废弃物资源利用标准体系给出了1个综合性基础标准子体系和4个农业废弃物资源回收利用各阶段子体系,可以将其细分为26个方面编制标准明细表。

(一)综合性基础与管理标准子体系

综合性基础与管理标准子体系由术语方面的标准、分类与命名方面的标准、统计与分析方面的标准、检测方法与检测技术方面的标准、综合管理方面的标准、综合评价方面的标准组成(见表1至表6)。

表1 术语方面的标准

序号	标准体系表编号	标准号	标准名称	宜定级别	实施日期	国际国外标准号及采用关系	被代替标准号或作废	备注
1	1.11	GB/T 20861-2007	废弃产品回收利用术语	国家标准	2007-09-01	/	/	
2	1.12	GB/T 25171-2010	畜禽养殖废弃物管理术语	国家标准	2011-03-01	/	/	
3	1.13	20211137-T-326	畜禽养殖环境与废弃物管理术语	国家标准	批准			
4	1.14	待制定	农产品加工废弃物管理术语	国家标准				

表2 分类与命名方面的标准

序号	标准体系表编号	标准号	标准名称	宜定级别	实施日期	国际国外标准号及采用关系	被代替标准号或作废	备注
1	1.31	GB/T 27610-2020	废弃资源分类与代码	国家标准	2021-06-01	/	/	
2	1.32	20204645-T-442	农村可回收废弃物分类指南	国家标准	批准			

（续表）

序号	标准体系表编号	标准号	标准名称	宜定级别	实施日期	国际国外标准号及采用关系	被代替标准号或作废	备注
3	1.33	GH/T 1226-2018	果品加工固体废物分类	行业标准	2018-10-01	/	/	
4	1.34	GH/T 1249-2019	再生资源产业园区分类与基本规范	行业标准	2019-10-01	/	/	

表 3　统计与分析方面的标准

序号	标准体系表编号	标准号	标准名称	宜定级别	实施日期	国际国外标准号及采用关系	被代替标准号或作废	备注
1	1.41	GB/T 28744-2012	废弃产品回收处理企业统计指标体系	国家标准	2013-01-01	/	/	
2	1.42	待制定	农业废弃物资源利用企业统计指标体系	国家标准				

表 4　检测方法与检测技术方面的标准

序号	标准体系表编号	标准号	标准名称	宜定级别	实施日期	国际国外标准号及采用关系	被代替标准号或作废	备注
1	1.51	GB/T 25169-2010	畜禽粪便监测技术规范	国家标准	2011-03-01	/	/	
2	1.52	20205106-T-326	畜禽粪便监测技术规范	国家标准	批准	/	/	
3	1.53	GB/T 24875-2010	畜禽粪便中铅、镉、铬、汞的测定 电感耦合等离子体质谱法	国家标准	2011-01-01	/	/	
4	1.54	GB/T 25413-2010	农田地膜残留量限值及测定	国家标准	2011-03-01	/	/	

（续表）

序号	标准体系表编号	标准号	标准名称	宜定级别	实施日期	国际国外标准号及采用关系	被代替标准号或作废	备注
5	1.55	GB/T 10358-2008	油料饼粕 水分及挥发物含量的测定	国家标准	2009-01-20	ISO 771:1977	/	
6	1.56	GB/T 5009.117-2003	食用豆粕卫生标准的分析方法	国家标准	2004-01-01	/	/	
7	1.57	NY/T 1596-2008	油菜饼粕中异硫氰酸酯的测定硫脲比色法	行业标准	2008-07-01	/	/	
8	1.58	NY/T 1799-2009	菜籽饼粕及其饲料中噁唑烷硫酮的测定 紫外分光光度法	行业标准	2010-02-01	/	/	
9	1.59	SN/T 1868-2007	进出口油菜籽及其饼粕中硫代葡萄糖苷总量的测定方法	行业标准	2007-10-16	/	/	
10	1.510	待制定	废弃物检测方法	国家标准				
11	1.511	待制定	辅料检测方法	国家标准				
12	1.512	待制定	再生产品检测方法	国家标准				

表 5　综合管理方面的标准

序号	标准体系表编号	标准号	标准名称	宜定级别	实施日期	国际国外标准号及采用关系	被代替标准号或作废	备注
1	1.61	GB/T 37515-2019	再生资源回收体系建设规范	国家标准	2019-05-10	/	/	
2	1.62	GB/T 29750-2013	废弃资源综合利用业环境管理体系实施指南	国家标准	2014-03-01	/	/	
3	1.63	GH/T 1270-2019	秸秆收储运体系建设规范	行业标准	2019-12-01	/	/	
4	1.64	待制定	禽畜粪便收储运体系建设规范	行业标准				

（续表）

序号	标准体系表编号	标准号	标准名称	宜定级别	实施日期	国际国外标准号及采用关系	被代替标准号或作废	备注
5	1.65	待制定	废旧农膜收储运体系建设规范	行业标准				

表 6　综合评价方面的标准

序号	标准体系表编号	标准号	标准名称	宜定级别	实施日期	国际国外标准号及采用关系	被代替标准号或作废	备注
1	1.71	GB/T 39966-2021	废弃资源综合利用业环境绩效评价导则	国家标准	2021-10-01	/	/	

（二）农业废弃物回收、运输、储存标准子体系

农业废弃物回收、运输、储存标准子体系由农业废弃物回收技术要求方面的标准、农业废弃物回收设备及附件产品方面的标准、农业废弃物回收系统作业质量方面的标准、农业废弃物运输设备及附件产品方面的标准、农业废弃物运输过程管理方面的标准、农业废弃物储存设施建设方面的标准、农业废弃物储存设施运行管理方面的标准组成（见表 7 至表 13）。

表 7　农业废弃物回收技术要求方面的标准

序号	标准体系表编号	标准号	标准名称	宜定级别	实施日期	国际国外标准号及采用关系	被代替标准号或作废	备注
1	2.11	20083032-T-326	农药包装物回收	国家标准				暂缓
2	2.12	GH/T 1354-2021	废旧地膜回收技术规范	行业标准	2022-01-01	/	/	
3	2.13	NY/T 2900-2016	报废农业机械回收拆解技术规范	行业标准	2016-10-01	/	/	

表8 农业废弃物回收设备及附件产品方面的标准

序号	标准体系表编号	标准号	标准名称	宜定级别	实施日期	国际国外标准号及采用关系	被代替标准号或作废	备注
1	2.21	GB/T 34390-2017	自走式秸秆收获方捆压捆机	国家标准	2018-05-01	/	/	
2	2.22	GB/T 25412-2021	残地膜回收机	国家标准	2022-07-01	/		
3	2.23	NY/T 2086-2011	残地膜回收机操作技术规程	行业标准	2011-12-01	/	/	
4	2.24	待制定	畜禽粪便收集设备	国家标准				

表9 农业废弃物回收系统作业质量方面的标准

序号	标准体系表编号	标准号	标准名称	宜定级别	实施日期	国际国外标准号及采用关系	被代替标准号或作废	备注
1	2.31	NY/T 1227-2019	残地膜回收机 作业质量	行业标准	2019-11-01	/	/	
2	2.32	待制定	畜禽粪便收集设备 作业质量	行业标准				

表10 农业废弃物运输设备及附件产品方面的标准

序号	标准体系表编号	标准号	标准名称	宜定级别	实施日期	国际国外标准号及采用关系	被代替标准号或作废	备注
1	2.41	待制定	畜禽粪便运输车辆	国家标准				

表 11　农业废弃物运输过程管理方面的标准

序号	标准体系表编号	标准号	标准名称	宜定级别	实施日期	国际国外标准号及采用关系	被代替标准号或作废	备注
1	2.51	待制定	畜禽粪便运输管理规范	行业标准				

表 12　农业废弃物储存设施建设方面的标准

序号	标准体系表编号	标准号	标准名称	宜定级别	实施日期	国际国外标准号及采用关系	被代替标准号或作废	备注
1	2.61	GB/T 27622-2011	畜禽粪便贮存设施设计要求	国家标准	2012-04-01	/	/	
2	2.62	NY/T 3614-2020	能源化利用秸秆收储站建设规范	行业标准	2020-07-01	/	/	
3	2.63	NY/T 3670-2020	密集养殖区畜禽粪便收集站建设技术规范	行业标准	2020-11-01	/	/	

表 13　农业废弃物储存设施运行管理方面的标准

序号	标准体系表编号	标准号	标准名称	宜定级别	实施日期	国际国外标准号及采用关系	被代替标准号或作废	备注
1	2.71	待制定	畜禽粪便储存管理规范	行业标准				

（三）农业废弃物资源利用子体系

农业废弃物资源利用子体系由农业废弃物资源化技术通则、农业废弃物资源化处理技术要求方面的标准、农业废弃物资源化处理设施方面的标准、农业废弃物资源化处理设施运行管理方面的标准、农业废弃物资源化处理设备及附件产品方面的标准、农业废弃物资源化处理设备作业质量方面的标准、农业废弃物资源化处理原辅料方面的标准组成（见表 14 至表 20）。

表 14 农业废弃物资源化技术通则

序号	标准体系表编号	标准号	标准名称	宜定级别	实施日期	国际国外标准号及采用关系	被代替标准号或作废	备注
1	3.11	20213400-T-469	农业废弃物资源化利用 农业生产资料包装废弃物的处置和回收利用	国家标准	批准			
2	3.12	20213401-T-469	农业废弃物资源化利用 农产品加工废弃物再生利用	国家标准	批准			
3	3.13	20213402-T-469	农业废弃物资源化利用 生物质资源综合利用	国家标准	批准			
4	3.14	GB/T 32778-2016	胡椒废弃物综合利用导则	国家标准	2017-03-01	/	/	
5	3.15	NY/T 3020-2016	农作物秸秆综合利用技术通则	行业标准	2017-04-01	/	/	

表 15 农业废弃物资源化处理技术要求方面的标准

序号	标准体系表编号	标准号	标准名称	宜定级别	实施日期	国际国外标准号及采用关系	被代替标准号或作废	备注
1	3.21	GB/T 25246-2010	畜禽粪便还田技术规范	国家标准	2011-03-01	/	/	
2	3.22	20083023-T-326	秸秆沼气工艺技术要求	国家标准				暂缓
3	3.23	20083024-T-326	秸秆沼气制作流程	国家标准				暂缓
4	3.24	20083035-T-326	畜禽粪便发酵干燥生产有机肥工艺技术规范	国家标准				暂缓
5	3.25	NY/T 2064-2011	秸秆栽培食用菌霉菌污染综合防控技术规范	行业标准	2011-12-01	/	/	
6	3.26	NY/T 3561-2020	东北春玉米秸秆深翻还田技术规程	行业标准	2020-07-01	/	/	

（续表）

序号	标准体系表编号	标准号	标准名称	宜定级别	实施日期	国际国外标准号及采用关系	被代替标准号或作废	备注
7	3.27	NY/T 3442-2019	畜禽粪便堆肥技术规范	行业标准	2019-09-01	/	/	
8	3.28	NY/T 3828-2020	畜禽粪便食用菌基质化利用技术规范	行业标准	2021-04-01	/	/	
9	3.29	NY/T 3441-2019	蔬菜废弃物高温堆肥无害化处理技术规程	行业标准	2019-09-01	/	/	
10	3.210	NY/T 3217-2018	发酵菜籽粕加工技术规程	行业标准	2018-06-01	/	/	
11	3.211	NY/T 3291-2018	食用菌菌渣发酵技术规程	行业标准	2018-12-01	/	/	
12	3.212	YC/T 321-2009	烟草原料废弃物处置规程	行业标准	2010-03-01	/	/	
13	3.213	待制定	秸秆肥料化工艺技术规范	行业标准				
14	3.214	待制定	秸秆饲料化工艺技术规范	行业标准				
15	3.215	待制定	秸秆材料化工艺技术规范	行业标准				
16	3.216	待制定	秸秆基料化工艺技术规范	行业标准				
17	3.217	待制定	废旧地膜造粒工艺技术规范	行业标准				
18	3.218	待制定	废旧地膜制木塑型材技术规范	行业标准				
19	3.219	待制定	果渣制饲料工艺技术规范	行业标准				
20	3.220	待制定	果渣制工业原料技术规范	行业标准				

表 16　农业废弃物资源化处理设施方面的标准

序号	标准体系表编号	标准号	标准名称	宜定级别	实施日期	国际国外标准号及采用关系	被代替标准号或作废	备注
1	3.31	20083017-T-326	秸秆气化供气系统技术条件及验收规范	国家标准				暂缓
2	3.32	NY/T 2142-2012	秸秆沼气工程工艺设计规范	行业标准	2012-06-01	/	/	
3	3.33	NY/T 2141-2012	秸秆沼气工程施工操作规程	行业标准	2012-06-01	/	/	
4	3.34	NY/T 2698-2015	青贮设施建设技术规范青贮窖	行业标准	2015-05-01	/	/	
5	3.35	NY/T 2771-2015	农村秸秆青贮氨化设施建设标准	行业标准	2015-08-01	/	/	
6	3.36	NY/T 443-2016	生物制气化供气系统技术条件及验收规范	行业标准	2016-10-01	/	/	
7	3.37	NY/T 2373-2013	秸秆沼气工程质量验收规范	行业标准	2013-08-01	/	/	
8	3.38	待制定	农业废弃物资源化处理设施工程设计规范	行业标准				
9	3.39	待制定	农业废弃物资源化处理设施工程建设技术规范	行业标准				
10	3.310	待制定	农业废弃物资源化处理设施工程验收规范	行业标准				

表 17　农业废弃物资源化处理设施运行管理方面的标准

序号	标准体系表编号	标准号	标准名称	宜定级别	实施日期	国际国外标准号及采用关系	被代替标准号或作废	备注
1	3.41	GB/Z 39121-2020	农作物秸秆炭化还田土壤改良项目运营管理规范	国家标准	2021-05-01	/	/	

（续表）

序号	标准体系表编号	标准号	标准名称	宜定级别	实施日期	国际国外标准号及采用关系	被代替标准号或作废	备注
2	3.42	NY/T 2372-2013	秸秆沼气工程运行管理规范	行业标准	2013-08-01	/	/	
3	3.43	NY/T 3387-2018	病害畜禽及其产品无害化处理人员技能要求	行业标准	2019-01-01	/	/	
4	3.44	待制定	农业废弃物资源化处理设施工程运行管理规范	行业标准				
5	3.45	待制定	农业废弃物资源化处理设施工程监测规范	行业标准				

表 18　农业废弃物资源化处理设备及附件产品方面的标准

序号	标准体系表编号	标准号	标准名称	宜定级别	实施日期	国际国外标准号及采用关系	被代替标准号或作废	备注
1	3.51	GB 10395.23-2010	农林机械 安全 第23部分：固定式圆形青贮窖卸料机	国家标准	2011-10-01	/	/	
2	3.52	GB/T 24675.6-2021	保护性耕作机械 第6部分：秸秆粉碎还田机	国家标准	2022-07-01	/	/	
3	3.53	GB/T 28740-2012	畜禽养殖粪便堆肥处理与利用设备	国家标准	2013-06-01	/	/	
4	3.54	JB/T 6678-2001	秸秆粉碎还田机	行业标准	2001-10-01	/	/	
5	3.55	JB/T 7136-2007	秸秆化学处理机	行业标准	2008-01-01	/	/	
6	3.56	JB/T 7883-2014	稻壳膨化机	行业标准	2014-10-01	/	/	
7	3.57	JB/T 8056-1996	糟粕造粒机	行业标准	1997-07-01	/	/	
8	3.58	JB/T 10813-2007	秸秆粉碎还田机 锤爪	行业标准	2008-03-01	/	/	

（续表）

序号	标准体系表编号	标准号	标准名称	宜定级别	实施日期	国际国外标准号及采用关系	被代替标准号或作废	备注
9	3.59	JB/T 11792.5-2014	中大功率燃气发动机技术条件第5部分：秸秆气发动机	行业标准	2014-10-01	/	/	
10	3.510	JB/T 12446-2015	生物质处理设备 秸秆烘干机	行业标准	2016-03-01	/	/	
11	3.511	JB/T 12447-2015	生物质处理设备 秸秆解包机	行业标准	2016-03-01	/	/	
12	3.512	JB/T 12826-2016	农作物秸秆压缩成型机	行业标准	2016-09-01	/	/	
13	3.513	JB/T 13852-2020	联合收割机配套用秸秆切碎抛撒还田机	行业标准	2021-01-01	/	/	
14	3.514	JB/T 13756-2019	畜禽粪便固液分离机	行业标准	2020-10-01	/	/	
15	3.515	NY/T 509-2002	秸秆揉丝机	行业标准	2015-05-01	/	/	
16	3.516	NY/T 1561-2007	秸秆燃气灶	行业标准	2008-03-01	/	/	
17	3.517	NY/T 1017-2006	秸秆气化装置和系统测试方法	行业标准	2006-04-01	/	/	
18	3.518	NY/T 3373-2018	病害畜禽及产品焚烧设备	行业标准	2019-01-01	/	/	
19	3.519	NY/T 1004-2020	秸秆粉碎还田机 质量评价技术规范	行业标准	2020-11-01	/	/	
20	3.520	NY/T 509-2015	秸秆揉丝机 质量评价技术规范	行业标准	2015-05-01	/	/	
21	3.521	NY/T 1930-2010	秸秆颗粒饲料压制机质量评价技术规范	行业标准	2010-09-01	/	/	
22	3.522	NY/T 1417-2007	秸秆气化炉质量评价技术规范	行业标准	2007-09-01	/	/	

（续表）

序号	标准体系表编号	标准号	标准名称	宜定级别	实施日期	国际国外标准号及采用关系	被代替标准号或作废	备注
23	3.523	NY/T 1144-2020	畜禽粪便干燥机 质量评价技术规范	行业标准	2020-11-01	/	/	
24	3.524	NY/T 3119-2017	畜禽粪便固液分离机 质量评价技术规范	行业标准	2018-06-01	/	/	
25	3.525	NY/T 504-2016	秸秆粉碎还田机 修理质量	行业标准	2017-04-01	/	/	
26	3.526	待制定	农业废弃物资源化处理设备	行业标准				

表 19　农业废弃物资源化处理设备作业质量方面的标准

序号	标准体系表编号	标准号	标准名称	宜定级别	实施日期	国际国外标准号及采用关系	被代替标准号或作废	备注
1	3.61	NY/T 500-2015	秸秆粉碎还田机 作业质量	行业标准	2015-05-01	/	/	
2	3.62	NY/T 500-2002	秸秆还田机 作业质量	行业标准	2002-02-01	/	/	
3	3.63	待制定	农业废弃物资源化处理设备 作业质量	行业标准				

表 20　农业废弃物资源化处理原辅料方面的标准

序号	标准体系表编号	标准号	标准名称	宜定级别	实施日期	国际国外标准号及采用关系	被代替标准号或作废	备注
1	3.71	GB/T 10360-2008	油料饼粕 扦样	国家标准	2009-02-01	ISO 5500:1986	/	
2	3.72	GB/T 22463-2008	葵花籽粕	国家标准	2009-01-01	/	/	

（续表）

序号	标准体系表编号	标准号	标准名称	宜定级别	实施日期	国际国外标准号及采用关系	被代替标准号或作废	备注
3	3.73	GB/T 22477-2008	芝麻粕	国家标准	2009-01-20	/	/	
4	3.74	GB/T 22514-2008	菜籽粕	国家标准	2009-01-20	/	/	
5	3.75	GB/T 35131-2017	油茶籽饼、粕	国家标准	2018-07-01	/	/	
6	3.76	GB/T 19541-2017	饲料原料 豆粕	国家标准	2018-02-01	/	/	
7	3.77	20213329-T-469	饲料原料 发酵豆粕	国家标准	起草	/	/	
8	3.78	GB/T 23736-2009	饲料用菜籽粕	国家标准	2009-09-01	/	/	
9	3.79	GB/T 21264-2007	饲料用棉籽粕	国家标准	2008-03-01	/	/	
10	3.710	GB/T 30393-2013	制取沼气秸秆预处理复合菌剂	国家标准	2014-07-16	/	/	
11	3.711	LS/T 3306-2017	杜仲籽饼（粕）	行业标准	2017-12-20	/	/	
12	3.712	LS/T 3307-2017	盐地碱蓬籽饼（粕）	行业标准	2017-12-20	/	/	
13	3.713	LS/T 3308-2017	盐肤木果饼（粕）	行业标准	2017-12-20	/	/	
14	3.714	LS/T 3309-2017	玉米胚芽粕	行业标准	2017-12-20	/	/	
15	3.715	LS/T 3310-2017	牡丹籽饼（粕）	行业标准	2017-12-20	/	/	
16	3.716	LS/T 3312-2017	长柄扁桃饼（粕）	行业标准	2017-12-20	/	/	
17	3.717	LS/T 3313-2017	花椒籽饼（粕）	行业标准	2017-12-20	/	/	

（续表）

序号	标准体系表编号	标准号	标准名称	宜定级别	实施日期	国际国外标准号及采用关系	被代替标准号或作废	备注
18	3.718	LS/T 3314-2018	山桐子饼粕	行业标准	2019-03-01	/	/	
19	3.719	LS/T 3315-2018	核桃饼粕	行业标准	2019-03-01	/	/	
20	3.720	LS/T 3316-2019	元宝枫籽饼粕	行业标准	2019-09-03	/	/	
21	3.721	LS/T 3317-2019	亚麻籽饼粕	行业标准	2019-09-03	/	/	
22	3.722	LS/T 3318-2019	橡胶籽饼粕	行业标准	2019-12-06	/	/	
23	3.723	LS/T 3319-2020	漆树籽饼粕	行业标准	2020-07-21	/	/	
24	3.724	LS/T 3320-2020	米糠粕	行业标准	2021-05-19	/	/	
25	3.725	SC/T 3406-2018	褐藻渣粉	行业标准	2019-06-01	/	/	
26	3.726	NY/T 124-2019	饲料原料 米糠粕	行业标准	2019-11-01	/	/	
27	3.727	NY/T 132-2019	饲料原料 花生饼	行业标准	2019-11-01	/	/	
28	3.728	NY/T 2218-2012	饲料原料 发酵豆粕	行业标准	2022-10-01	/	/	
29	3.729	NY/T 3317-2018	饲料原料甜菜粕颗粒	行业标准	2019-06-01	/	/	
30	3.730	NY/T 126-2005	饲料用菜籽粕	行业标准	2005-12-01	/	/	
31	3.731	NY/T 417-2000	饲料用低硫苷籽饼（粕）	行业标准	2001-04-01	/	/	
32	3.732	FZ/T 51002-2006	粘胶纤维用竹浆粕	行业标准	2006-10-01	/	/	

（续表）

序号	标准体系表编号	标准号	标准名称	宜定级别	实施日期	国际国外标准号及采用关系	被代替标准号或作废	备注
33	3.733	FZ/T 51009-2014	粘胶纤维用麻浆粕	行业标准	2014-11-01	/	/	
34	3.734	QB/T 5398-2019	造纸用原料 蔗渣	行业标准	2020-04-01	/	/	
35	3.735	NB/T 10405-2020	燃料乙醇原料 玉米秸秆	行业标准	2021-02-01	/	/	
36	3.736	NY/T 1701-2009	农作物秸秆资源调查与评价技术规范	行业标准	2009-05-01	/	/	
37	3.737	NB/T 34030-2015	农作物秸秆物理特性技术通则	行业标准	2016-03-01	/	/	
38	3.738	SN/T 1791.2-2006	进口可用作原料的废物检验检疫规程 第2部分：甘蔗糖蜜	行业标准	2007-03-01	/	/	
39	3.739	待制定	辅料产品标准	国家标准				

（四）再生产品子体系

再生产品子体系由农业废弃物资源利用再生产品标准、再生产品应用方面的标准组成（见表21和表22）。

表21　农业废弃物资源利用再生产品标准

序号	标准体系表编号	标准号	标准名称	宜定级别	实施日期	国际国外标准号及采用关系	被代替标准号或作废	备注
1	4.11	GB/T 21723-2008	麦（稻）秸秆刨花板	国家标准	2022-07-01	/	/	
2	4.12	GB/T 23471-2018	浸渍纸层压秸秆复合地板	国家标准	2019-01-01	/	/	

（续表）

序号	标准体系表编号	标准号	标准名称	宜定级别	实施日期	国际国外标准号及采用关系	被代替标准号或作废	备注
3	4.13	GB/T 23472-2009	浸渍胶膜纸饰面秸秆板	国家标准	2009-09-01	/	/	
4	4.14	GB/T 27796-2011	建筑用秸秆植物板材	国家标准	2012-08-01	/	/	
5	4.15	GB/T 35835-2018	玉米秸秆颗粒	国家标准	2018-09-01	/	/	
6	4.16	GB/T 20193-2006	饲料用骨粉及肉骨粉	国家标准	2006-07-01	/	/	
7	4.17	GB/T 33914-2017	饲料原料 喷雾干燥猪血浆蛋白粉	国家标准	2018-02-01	/	/	
8	4.18	LY/T 2115-2013	油茶饼粕有机肥	行业标准	2013-07-01	/	/	
9	4.19	LY/T 2552-2015	竹基生物质成型燃料	行业标准	2016-01-01	/	/	
10	4.110	LY/T 1842-2009	竹材刨花板	行业标准	2009-10-01	/	/	
11	4.111	待制定	再生产品标准	行业标准				

表 22 再生产品应用方面的标准

序号	标准体系表编号	标准号	标准名称	宜定级别	实施日期	国际国外标准号及采用关系	被代替标准号或作废	备注
暂无								

（五）循环农业标准子体系

循环农业标准子体系主要由循环农业技术要求方面的标准、循环农业项目运行管理方面的标准组成（见表 23 和表 24）。

表23 循环农业技术要求方面的标准

序号	标准体系表编号	标准号	标准名称	宜定级别	实施日期	国际国外标准号及采用关系	被代替标准号或作废	备注
1	5.11	SC/T 1009-2006	稻田养鱼技术规范	行业标准	2007-02-01	/	/	
2	5.12	SC/T 1135.4-2020	稻渔综合种养技术规范 第4部分：稻虾（克氏原螯虾）	行业标准	2021-01-01	/	/	
3	5.13	NY/T 5055-2001	无公害食品 稻田养鱼技术规范	行业标准	2001-10-01	/	/	
4	5.14	待制定	循环农业项目技术规范	行业标准				

表24 循环农业项目运行管理方面的标准

序号	标准体系表编号	标准号	标准名称	宜定级别	实施日期	国际国外标准号及采用关系	被代替标准号或作废	备注
1	5.21	GB/T 41249-2021	产业帮扶"猪-沼-果（粮、菜）"循环农业项目运营管理指南	国家标准	2022-07-01	/	/	
2	5.22	NY/T 3822-2020	稻田面源污染防控技术规范 稻蟹共生	行业标准	2021-04-01	/	/	
3	5.23	待制定	循环农业项目管理指南	国家标准				
4	5.24	待制定	循环农业项目环境管理指南	行业标准				

五、展望

农业废弃物资源利用是解决农业面源污染和发展绿色农业的重要研究领域。建立并实施符合产业发展方向的科学、系统、有序的农业废弃物资源利用标准体系，是一项战略性、基础性的工作，能够为实现农业可持续发展提供保障和支撑。

标准体系的建立可以提升典型大宗农业废弃物资源利用领域技术与管理标准的完善程度，促进先进技术与管理模式同农业产业链间的协同发展，提高农业废弃物无害化处理和资源化利用的标准化水平。促进先进、成熟、适用的技术成果的标准化推广实施，发挥农业科技成果在现代农业发展中的巨大作用，促进农业废弃物资源化技术升级，对防治农业污染，提高农村经济发展质量，优化农村生态环境具有十分重要的意义。

参考文献

[1] 麦绿波. 标准学—标准的科学理论 [M]. 北京：科学出版社，2019.

[2] 岳高峰，赵祖明，邢立强. 标准体系理论与实务 [M]. 北京：中国计量出版社，2011.

[3] GB/T 13016—2018，标准体系构建原则和要求 [S].

[4] GB/T 13017—2018，企业标准体系表编制指南 [S].

[5] 陈德敏. 我国再生资源产业发展研究：顶层设计与实现路径 [M]. 北京：人民出版社，2020.

[6] 李吉进，张一帆，孙钦平. 农业资源再生利用与生态循环农业绿色发展 [M]. 北京：化学工业出版社，2021.

[7] 丁永祯，李晓华，郑向群. 乡村环境保护典型技术与模式 [M]. 北京：中国农业出版社，2016.

[8] 席北斗，魏自民，夏训峰. 农业生态环境保护与综合治理 [M]. 北京：新时代出版社，2008.

[9] 李燃，常文韬，闫平. 农村生态环境改善使用技术与工程实践 [M]. 天津：天津大学出版社，2018.

[10] 牛锋，杜涛. 再生资源回收利用标准体系标准明细表研制 [J]. 再生资源与循环经济，2019，12（6）：22-28.

原文刊于《再生资源与循环经济》杂志 2023 年第 4 期

第一作者简介

李曼，女，工程师，现就职于中华全国供销合作总社天津再生资源研究所，长期从事农业废弃物资源利用技术领域研究及科研管理工作。主要研究方向：农业废弃物资源利用领域标准化工作，农业废弃物活性成分提取与分析，土壤－植物系统污染物迁移规律研究等。

对上海市农村生活垃圾治理工作的回顾及思考

上海市资源利用和垃圾分类管理事务中心　王晓红　胡玉巧

本文以时间为线索，梳理了上海市农村生活垃圾治理工作的整个脉络，描述了各个年代农村生活垃圾治理的重要事件。随着各阶段工作的不断推进，农村生活垃圾治理取得了一定的成效，但是"村"级源头治理仍然存在一些问题，笔者对这些问题进行了深入剖析和对策思考。

随着《中共中央国务院关于做好 2023 年全面推进乡村振兴重点工作的意见》的公布，党中央已连续二十年发布以"三农"（农业、农村、农民）为主题的中央一号文件，可见"三农"问题始终是全党工作的重中之重。村容环境是农民赖以生存的基本条件之一，上海作为国际大都市，在提升村容环境、开展农村生活垃圾治理等方面，做出了积极的努力，农村发生了翻天覆地的变化。纵观上海农村环境卫生管理历程可以看到，上海先后开展了农村生活垃圾收集处置系统的建立、旱厕改造、村容整洁达标、农村垃圾治理及垃圾分类等持续有效的村容环境建设及治理工作，推进了农村基础设施建设，改善了农村人居环境，提升了农民的幸福感。

现在，让我们打开历史的镜头，走进时光的隧道，通过几个关键的时间节点回顾上海农村生活垃圾治理工作的历程。

一、工作历程

（一）20 世纪的自然消纳阶段 + 废品回收站，使早期的农村垃圾治理初具雏形

首先回顾一下 20 世纪上海废品回收站的故事。那时的回收站几乎遍布各个街

镇，回收的废品品种之多令人难以想象：玻金塑纸衣自不必说，此外还有鸡鸭毛、牙膏皮、肉骨头、甲鱼壳、橘子皮、棉花胎、布角料、各种料瓶、坏鞋子、长短发辫、灯泡灯管……废品分类之细也令人惊叹，比如废纸可以细分为大报、小报、杂志、书本、牛皮纸等，旧鞋子细分为纯塑料鞋、橡胶破套鞋、跑鞋、皮鞋等。不同材质的废品收购价格都是不一样的。居民会将厨余垃圾自觉地倒入弄堂口的泔脚钵头里，甚至连手指甲、甲鱼壳都有中药房收购。

正是由于有如此细致的分类，垃圾桶里很少有能卖钱的东西，生活垃圾里基本就剩下"纯垃圾"了。废品回收站可以说是上海垃圾分类的"鼻祖"，它在让居民将废品卖钱得益的同时，让垃圾从源头得到了减量，且由于当时物资本来就匮乏，生活垃圾的产生量较少，无法与今相比，市区的生活垃圾由市肥料公司（市清洁管理所）运往郊区或外地，一部分作为肥料，一部分通过填埋坑洼地等方式自然消纳。因此，农村聚积了不少生活垃圾，村容环境不容乐观。

（二）农村生活垃圾收集处置系统的建立，打开了上海市农村垃圾治理的序幕

1994 年颁布的《上海市集镇和村庄环境卫生管理暂行规定》将环境卫生管理工作从城镇向农村地区延伸。2000 年，"建立上海市农村生活垃圾收集处置系统"被列入市政府三年实事项目。以"户集、村收、镇转运、县（区域）处置"为主要模式，通过建立保洁员队伍，配套设施设备，在农村地区开展了首次农村生活垃圾治理工作，由此开启了上海市农村垃圾治理工作 1.0 版。

2005 年，《关于推进社会主义新郊区新农村建设的决议》中明确提出"建立镇有环卫所，村有保洁员，户有责任制"的管理体系工作要求，本市结合乡镇政府机构综合改革工作，开展了淘汰拖拉机运输、取缔村级生活垃圾堆点、改造旱厕、保洁员上岗培训、村容整洁达标建设等工作。据统计，当时上海共计建设了600 座标准公厕，使 95% 以上的农户用上了卫生厕所，取缔了 1 252 个村级堆点，关闭了 97 座简易填埋场，淘汰了 1 105 辆拖拉机，培训保洁员约 2.8 万名，建立了村容环境志愿者队伍，1 561 个建制村获得"上海市整洁村（达标）"荣誉称号，

11 个建制村获得"上海市整洁村"荣誉称号。这一系列的推进工作，虽然使农村地区的环境卫生管理有了规范的管理制度，在设施设备、保洁员队伍、资金支撑等方面奠定了基础，但就垃圾源头来说，没有分类的收集，就末端处置来说，基本以填埋为主，垃圾没有得到减量化、资源化和无害化利用，垃圾治理处于低端水平。

（三）世博效应开启垃圾分类试点，推动上海市农村垃圾治理迈向 2.0 版

2010 年，上海市农村垃圾治理工作进入城乡一体化管理的阶段。在世博会的带动下，上海开展了"百万家庭低碳行，垃圾分类要先行"市政府实事项目，逐步在城镇化的地区建立起生活垃圾分类收集、分类运输、分类处置的全程分类物流体系，并每年通过测算各区的生活垃圾处置量来制订减量计划。然而，随着城市化建设进程的加快，近郊面对人口不断导入而垃圾量指标逐年下降的情况，2011 年，部分涉农区开动脑筋、挖掘潜力，开始了针对农村地区湿垃圾（有机垃圾）的垃圾分类就地处置试点，沤肥池及湿垃圾处理设施的引入，进一步从源头促进了垃圾减量及资源化利用，并涌现出松江、奉贤、崇明等模式，同时，部分涉农区开始建设区级、镇级湿垃圾处置设施，农村垃圾分类的试点开创了上海农村垃圾治理新途径。笔者将这一阶段的运作称为 2.0 版本。

（四）全国农村垃圾治理工作，助推上海农村垃圾治理不断巩固和完善

2014 年年底，全国农村垃圾治理工作启动，上海按照住建部"五有"标准，即"有完备的设施设备、有成熟的治理技术、有稳定的保洁队伍、有完善的监管制度、有长效的资金保障"，围绕"村收、镇转运、县（区域）处置"各个环节，组织涉农区开展全面普查，以巩固、完善和提升为基准，核定治理任务，建立销项式管理制度和"市级督办、区级督查、镇级自查"的"自我纠错"机制，通过第三方检查，有效地推进了农村垃圾治理工作。2015 年年底，上海成为全国第一批通过国家级农村垃圾治理验收合格的城市之一。尽管有些城市在"五有"标准上符合了全国农村垃圾治理的标准，但是在垃圾分类上，还只是部分地区开展了试点工作，且末端设

施建设仍存在缺口，因此，笔者认为这个阶段的农村垃圾治理基本完成了巩固工作，是在 2.0 版本上进行提升，因此称之为 2.1 版。

此后几年，上海的垃圾处置末端设施按照规划逐步建成，这为垃圾分类打通了渠道。农村垃圾治理在不断被巩固的同时不断得到完善。2016 年，在学习浙江金华经验的基础上，本市按照城乡统筹一体化推进的原则，进一步纵向推进农村垃圾分类的深度，农村出现了具有废品回收功能、宣传环保理念的两网协同绿色小屋，即可回收网点。松江、奉贤、崇明、宝山区先后申报第一批、第二批创建国家级农村垃圾分类和资源化利用示范区，住建部专家组对第一批松江、奉贤、崇明三个区的创建工作进行了督导，结论均为优秀。这些完善的举措让上海农村垃圾治理进入了 2.2 版。

（五）垃圾分类成新时尚，助力农村垃圾治理进入 3.0 版

2018 年年底，随着《上海市生活垃圾管理条例》的颁布及实施，全市生活垃圾分类进入全覆盖的崭新阶段，农村垃圾治理工作也进入 3.0 版。上海市结合农村人居环境整治提升、乡村振兴战略、美丽乡村建设，在农村垃圾治理工作方面以"一村一档"为抓手，每年通过排摸，查找短板，制订精细的年度计划。各村为农户家庭配置了干湿垃圾投放容器，对村级垃圾箱房按照四分类要求进行了改造，并将各种分类驳运机具配备到位。干垃圾按照"户投、村收、镇转运、县（区域）处置"的垃圾收运处体系进入焚烧设施进行无害化处理；湿垃圾采取因地制宜的措施，部分村实行就近就地处理进入村、镇级湿垃圾处置设施，其余的进入区级、市级的处置设施；农村地区可回收物服务点也正在逐步完善，中转站采取标准化建设，从而有效提升了资源化利用率；有害垃圾按照全市统一部署，经区收集后交由市里集中进行无害化处置。同时，全市致力于健全废弃物大分流体系，严禁农业生产废弃物、农药包装物、工业固体废弃物、建筑垃圾等非生活垃圾进入生活垃圾收集、转运、处置体系。

今年，上海将按照《中共中央国务院关于做好 2023 年全面推进乡村振兴重点工作的意见》的要求，扎实推进农村人居环境优化提升工作，确保 100% 农村生活垃

坂有效收集、无害化处理，农村生活垃圾分类达标率稳定在95%以上；加强湿垃圾资源化利用处置，推进农村生活垃圾分类减量，完善可回收物网络体系建设，按照新标准，对垃圾箱房进行新一轮的改造和提升，构建农村建筑垃圾、大件垃圾处置体系，加强对暴露垃圾的监察及整改。期待这一系列举措能促使上海市的垃圾治理工作进入更新版本，更上一层楼。

二、取得成效

回顾工作历程，经过多年的努力，上海农村垃圾治理在以下方面成效显著。

（一）设施和技术逐步完善和规范

根据2022"一村一档"统计数据[①]，本市具备村域形态的行政村1 337个，这些村共计拥有4 137座垃圾收集箱房，其中88%具备垃圾分类收集功能，可回收网点1 523个，基本确保每村一个，收集车辆9 546辆，其中56%为电动车或机动车，人力车占比为44%且呈逐年下降趋势。湿垃圾处置技术从最初的简易沤肥逐步进化到如今的满足环保要求的智能化处置设施，实现了近半的行政村湿垃圾不出村镇就近处理。全市生活垃圾回收利用率达到36.6%。经测评，农村居住区生活垃圾分类达标率为95%。

（二）队伍逐步纳入专业化管理

自从农村有了环卫管理工作之后，对保洁员的管理被纳入村委会职责中。随着城乡一体化保洁工作的开展，保洁员逐步被纳入专业保洁服务公司、第三方服务社等机构进行统一管理、培训和上岗，这减轻了村委会的管理压力，也使保洁员的专业技能水平得到了提升。例如，从2016年、2019年、2021年、2022年四个时间点看，保洁员由村委会管理的占比分别为60%、46%、37%、35%，占比呈逐步下降趋

---

① 为确保管理无缝隙，农村垃圾治理管理部门每年通过"一村一档"掌握最新的村庄情况，其中剔除了虽建制存在，但已拆迁，纳入城市化小区管理的空壳村。本文引用2022年"一村一档"的各类数据，其中仍具有村域形态的行政村为1 337个、20 246个村民小组、1 057 552户农户。每年的一村一档为年初收集，数据为上一年度的年末数。

势，而由专业保洁服务公司、服务社等第三方外包的占比呈逐年上升趋势，分别为40%、54%、63%、65%。

（三）村民满意度保持高位

自 2015 年全国农村垃圾治理工作启动以来，本市每年通过聘请第三方测评公司对各村进行入村测评。入村测评中除村容村貌、环卫设施、垃圾治理等方面内容外，还增添了村民的满意度测评，测评结果显示村民满意度始终居高不下。例如，2021年、2022 年通过第三方进行入村测评，受访村民分别为 2 055 人、1 800 人，满意率和基本满意率占比分别为 98%、99%，较 2020 年均有所提升。

三、存在的问题

虽然上海市农村垃圾治理从 1.0 版升级到 3.0 版，成效显著，但笔者结合日常推进工作，围绕农村生活垃圾分类的源头即"户投、村收"来看，在源头湿垃圾就近处置设施、保洁员队伍管理、经费支持上还存在着以下这些问题。

（一）小型湿垃圾处置设施关停率较高

1. 设施运行衍生物指标与环保要求有差距。部分早期使用的生化机设备的处理作业流程长，臭气收集难度大，出水不达标，二次污染较严重。

2. 设施运维成本相对较高。一方面，目前大多数设备由政府采购，日常菌种设备需运维方自行购买；另一方面，一旦超出保修期限，设施维修成本就会迅速上升，或遇到产品更新换代、配件更换等原因造成维修困难，甚至有的设备只能报废。

3. 设施处置产品出路受局限。小型处置设施源头湿垃圾总量相对较少，导致各批次成分差异较大，各批次处置产品成分会不稳定，无法满足下游客户的需求，而且会影响处置产品的销售，因此只能自行消纳。

4. 前期落地的位于本市黄浦江水源保护地缓冲区的农村湿垃圾就近就地处置设施，由于地理位置原因大部分都停止了运行。

此外，湿垃圾毕竟是易腐物质，邻避效应常在，导致居民投诉。据初步统计，2022 年上海 9 个涉农区拥有 50 吨及以下的湿垃圾处置设施 244 座。虽然与前两年相差不多，但是，经过大浪淘沙，设施的淘汰率较高。

（二）村域收集存放点管理缺少"村"的特点

生活垃圾的收集是农村生活环境的基本保障之一。但是，农村毕竟不是城市，除生活垃圾外，还具有广大的农田、各种规模的工厂，由此产生了大量的农业垃圾和工业垃圾。农村的垃圾箱房标准应与城市化小区有所不同。对一个村来说，垃圾箱房应能暂存该村产生的各类垃圾。最新调研结果显示，大部分有农作物的村都在垃圾箱房、公厕边，或者田边为农业垃圾（秸秆类）设置了简易围栏式垃圾收集堆放区，但是这一区域容易成为垃圾偷倒的新场所，并常伴有生活垃圾、工业垃圾混入其中，影响了周边村民的生活环境。

（三）保洁队伍需进一步扩大

农村垃圾收集及环境卫生保洁的主力军——保洁员，在人员配置和待遇上仍处于弱势。

1. 人数短缺

在上海的 9 个涉农区中，具备村域形态的行政村有 1 337 个，农户 1 057 552 户、村民小组（自然村）20 246 个，平均每个村民小组只有 0.84 名保洁员。《上海市村容环境建设管理导则（试行）》中对保洁员配备的基本要求为按每个自然村落（按 50 户农户计算）都配备保洁员（1 名）的标准，全市应配村庄环境卫生保洁员 21 151 名，这还不包括流动人口集中居住地的配置，而目前的人数为 16 924 人，缺 4 227 人。

2. 待遇偏低

保洁员工资来源由村、镇、区、市四级财政组成。2022 年数据显示：村、镇、区、市四级财政占比分别为 51.8%、40.5%、4.0%、3.7%，其中，村、镇支付占比较多，共计 92.3%。保洁员工资也随着所在区、街镇、村的经济实力、计时工或全日制工作形式的不同而不同。最低的不到千元，最高的近万元，但二者都只是少数。大多数全日制保洁员工资为 3 000 元—6 000 元 / 月。按照 2022 年一村一档计算，上海农村保洁员平均工资为 3.3 万元 / 年，2 750 元 / 月，虽然每年都有所增长，但增长微乎其微。与 2022 年上海市最低工资标准 2 590 元相比，总体只高于本市最低工资线的 6%。

3. 年龄大，文化水平低

农村保洁员平均年龄为 57 岁，其中 45% 的保洁员都已超过退休年龄（男性大于 60 岁，女性大于 55 岁），小学、初中文化程度的保洁员占比分别为 36%、61%，年龄大、文化水平低、工资待遇低成为农村保洁员队伍的特征。

4. 政策层面经费支撑力度逐步削弱

政府每年在市容市貌、城市保洁、垃圾收集和处置等方面提供公共服务。同样，农村每天也承担着垃圾收集、村域保洁等公共服务，却需要村委会每年自行承担服务费用，包括环卫设施的日常维修费和保洁员的工资等。在垃圾分类减量的形势下，部分村开启了湿垃圾不出村、建筑垃圾就地处置等工作，由于这些处置设施每年都需要运营和维护，因此势必会导致村委会在人财物方面的投入。在保洁员工资收入组成上，村、镇出资分别占总额的 49% 和 43.9%，保洁员的工资成为各村每年的必要开支。随着社保管理部门即将或已经撤销市农村万人就业项目、区千百人就业项目，这意味着随着保洁员相继退休，由市级、区级财政支撑的部分也将随之撤销。如果想再招聘保洁员，由于缺少相应的项目补贴，因此会增加村委会的经济负担，在某种程度上将会影响村容村貌的持续改善。

四、对策思考

（一）制定小型湿垃圾设施设备的落地系列标准

就近就地湿垃圾处置设施属于近几年的新生事物，建议相关部门除对相关的处置设备的技术性能设定标准外，还应对其衍生物，如对气味、噪声的容忍度，放置地点的环境要求等出台系列标准规定，并对现有设施进行测试和审核。要避免制造商只注重对处置原料的减量和资源化研究，轻视对环境的影响，使产品满足环境保护的要求。在规划上，建议相关部门及时关注区域内的环境建设动态，对湿垃圾建设项目给予事前培训，避免设施设备被误用。

（二）试点源头减量和资源化利用

垃圾分类是一项全民运动，分类投放是每位居民应尽的义务。在部分有湿垃圾就地处置设施的村，可试点湿垃圾餐前餐后精细化分类，即将含盐与不含盐的垃圾进行细分，在有条件的村可试点餐前湿垃圾＋禽畜粪便＋农业秸秆共同处理的模式，这将会提高垃圾处置产品的肥效品质，使处置产品成为改善土壤的良剂，也使湿垃圾处置设施得到更充分的利用；对于大件装潢垃圾、建筑垃圾等，基于农村空间广的特点，试点邀请拥有专业处置机器的专业公司进村拆除粉碎，减少垃圾的外运，提升垃圾资源化利用率；在有条件的地区，鼓励村民改进生活垃圾源头投放方式，采取小桶倒大桶的操作方法，减少塑料垃圾袋的使用量；此外，应联合相关部门，因地制宜地研究、探索如何在试点建造符合农村特质的垃圾存放点。

（三）研究创新思路

在技术上，科研部门应继续开展湿垃圾就近就地处置的创新技术，使技术符合环保要求，处置产品满足资源化利用的需求；在小型湿垃圾设施采购上，建议采用试点易货租赁模式，即使用者采用租赁方式使用湿垃圾处置设备。设备的日常维护、修理由厂商负责。需报废的机器由厂商进行回收，降低使用者的购买风险，使维护修理工作能得到相应的保障。同时，可探索在购买使用湿垃圾处置设施上给予类似新能源汽车的补贴方式，或者给予使用者水电、场地租用等费用的补贴，或企业税收的减免等优惠。

（四）政策支撑关注保洁员队伍

建议财政部门像对待城市化地区一样，促使村容日常保洁维护和垃圾处置设施使用与维护能适应新时代的新要求，增加这方面的资金投入，或者对有处置设施的村提供运行维护奖励补贴等。同时，农村保洁员岗位作为公益性的服务岗位，是村容环境保洁服务的主力军，今后还将在乡村振兴、村容环境整治优化、美丽乡村建设、维护清洁家园的工作中继续发挥作用。从前期探索看，让专业的人干专业的事是提升管理水平的好方法，经过多年的努力，部分涉农区已经开展了农村保洁养护服务一体化工作，由专业第三方对保洁员进行管理，但目前仍有35%的农村保洁员由村委会负责聘用。继续探索和改进农村保洁员专业化管理模式是提升农村垃圾治理和保洁实效的重要工作之一。建议在万人（千百人就业项目）淘汰之际，相关管理部门共同联手，综合施策，制定出更加适合本市农村的政策，让农村最大程度地享受到政府公共服务，在提高农村保洁员的工资及待遇方面有所创新，从而吸引更多有志于投身农村保洁服务的年轻人，缓解当前农村保洁员的匮乏，为保洁员队伍注入新鲜的血液和力量，为上海农村生活垃圾治理版本的不断升级添砖加瓦。

拓展阅读：

垃圾分类新时尚，农村生活新变化

上海的生活垃圾分类推进体系不断得到完善，百姓的生活环境和生活习惯逐渐发生了变化。

根据《上海市生活垃圾管理条例》，本市生活垃圾按照可回收物、有害垃圾、湿垃圾和干垃圾进行分类。各个涉农区以党建为引领，垃圾分类工作在居村、单位以及公共场所全方面开展。随着垃圾分类的不断深入，可回收物总量不断增加。围绕如何将这些放错地方的"垃圾"进行回收，使其进入资源化再利用的渠道，本文摘取了3个相关案例进行分享。

一、"废品回收"变"时尚生活"——崇明区庙镇

崇明区共建成了1座集散场、18座中转站、430个服务点。在庙镇，每个村都

设立了可回收物服务点，共 31 个。可回收物服务点回收人员由第三方公司管理，工作人员在上岗前全都接受过专业培训并遵守"统一标识、统一车辆、统一服装、统一衡器、统一服务"的"五统一"规范。经过精心设计、选址、装修及几个网点的试运行，同时通过科普宣传，最终位于沿街店铺又邻近周边菜场、识别度高、服务多样化的两个门店的运营步入了正轨。这让原本在老百姓眼中"脏乱差"的废品回收工作变得有序起来。

为迎合当地老百姓的生活习惯，庙镇回收服务门店营业时间从原来早上七点开门提前到六点，居民们一早先将可回收物提到服务店换"买菜钱"，然后轻松地去菜场和超市采购。曾经有一位女士走进店对工作人员说："你们开的这个店真好！方便了我们老百姓，为老百姓做了一件好事！"如今，一大早利用买菜的时间将可回收物进行交投换取"买菜钱"已成为庙镇百姓的生活"新时尚"。

经历一年的运营后，庙镇的可回收物体系已十分完善，无论是可回收物的回收量还是回收质量，都有很大的提升，2021 年回收量已达 7.52 吨 / 日。服务点实现了全方位回收，满足了老百姓的可回收物日常交投需求，实现了循环经济、低碳发展、绿色引领的目标。

二、家门口的拾尚邦——青浦区练塘镇

在青浦区练塘镇蒸淀片区，一座座干净、整洁、服务规范统一的便民资源回收点展现在村民面前，店内采用时尚、简洁的设计风格，分为招待区以及可回收物堆放区，面积约为 50 平方米，可辐射周边 3 公里内的所有小区、农村以及沿街商铺等。

拾尚邦提供线下店面直收、线上小程序预约上门、定时定点回收等方式。居民可将家中的可回收物自行送到店里，也可线上在拾尚邦小程序端进行预约，工作人员会在 3 小时内上门服务。同时会有工作人员定时定点在小区、村内开展回收日活动。所有的回收服务均会根据回收品类的不同进行有偿结算。多种回收模式相结合，不但能实现随时随地回收，而且能解决高楼层、行动不便、体量大等可回收物的交投难题。

居民仅用一部手机即可实现线上通过拾尚邦小程序预约、线上支付、线下交投全流程操作，方便、快捷。后台会收集记录每日回收服务的数据，通过对数据进行统计和分析，可以为练塘镇未来制定更完善的服务目标提供有力支撑。同时在拾尚邦小程序积累了一定用户后，会在小程序端接入诸如开锁、维修、上门洗车、养老、家政等便民服务。

三、用"芯"推进农村生活垃圾分类智能化管理——松江区新浜镇文华村

松江区在新时尚的道路上不断进行探索，通过引入第三方专业力量（主要是托管现有的保洁队伍、保洁设施）将'环卫保洁、垃圾分类、两网融合'三项工作有序整合，在新浜镇文华村进行试点智能化收运。

首先，为每户配备两个安装了智能芯片的垃圾桶，绑定对应的家庭信息，建立起垃圾分类回收领域内的"一户一档"。

其次，收运人员的绿色电动清运车自带车载式智能云秤，可上门将村民分类的干、湿垃圾桶放到收运车称重计量，摄像头随即拍摄分类实效照片并上传至管理平台。管理人员通过垃圾分类大数据看板，便可查看实时投递记录、单元收运量、垃圾收运比例等信息，可以第一时间了解村民生活垃圾分类是否准确。针对分类不理想的家庭，村委会将安排工作人员上门进行指导和督促。而对工作人员来说，这也有助于梳理易混淆的垃圾种类，进而更好地开展垃圾分类宣传活动。

同时，电动垃圾清运车还提供再生资源回收交易服务，让村民享受上门收运、现场称重付钱的便捷服务。此外，巡回保洁车会每日进行清扫，以保证道路整洁。新举措让生活垃圾分类收集更智能、更精准、更高效，也让村民的生活更便捷，环境更整洁、更优美。

作者简介

王晓红，女，1968 年 11 月出生，管理学学士学位，上海市资源利用和垃圾分类管理事务中心（原上海市废弃物管理处）高级工程师，先后从事过农村改厕、整洁村创建、餐厨垃圾及废油脂管理、环卫招投标服务等工作，目前主要从事农村生活垃圾治理、分类管理及资源化利用工作。

（王晓红个人照片）

胡玉巧，女，1984 年 8 月出生，管理学硕士学位，上海市资源利用和垃圾分类管理事务中心（原上海市废弃物管理处）经济师，研究方向：生活垃圾分类管理及资源化利用。

充分发挥"双线运行"独特优势
着力构建供销合作社再生资源回收服务体系

湖南省娄底市供销合作联社

农村人居环境整治提升关乎农民健康，关乎村庄形象，关乎产业发展，关乎民生福祉，是实施乡村振兴战略的第一仗。近年来，娄底市委、市政府把深化供销合作社综合改革摆在"三农"工作全局的重要位置，将供销合作社列为娄底市农村人居环境整治提升工作领导小组重点成员单位。娄底市供销合作社系统担当作为，充分发挥"双线运行"独特优势，以创建"绿色供销"为契机，着力构建全市"农村生活垃圾分类回收四级管理"和"再生资源循环利用网络"双循环体系，扎实推进农村生活垃圾低值可回收物和有害垃圾回收处理工作。

一、政府主导，全市一盘棋高位推进"农村生活垃圾分类回收四级管理"体系建设

（一）构建起"市级统筹、县级主导、供销参与、乡村落实"的四级贯通管理体系

娄底市委、市政府坚持顶层设计，强化高位推动，经深入调研和反复研讨，于2019年2月出台了《关于开展农村生活垃圾分类处理工作的意见》，在全省率先推行"三次多分法"垃圾分类新模式，实行全市一盘棋，市县乡村四级联动，整市统一推进。连续三年将农村生活垃圾分类处理工作列入"娄底市十大民生实事"，并将其当作各级政府及相关部门年度绩效考核内容。2022年1月，娄底市以更高的标准、更严的要求、更强的力度，将农村生活垃圾治理工作纳入全市农村人居环境整治提

升重点工作范畴，整体谋划、协同推进，制订出台《娄底市农村人居环境整治提升五年行动实施方案（2021—2025 年）》，成立由市委书记、市长担任顾问，市委副书记担任组长，副市长担任副组长的高规格农村人居环境整治提升五年行动领导小组专班；同时组建由一级巡视员任组长、二级巡视员任副组长的市农村人居环境整治提升督导组；各县市区、乡镇参照成立相应的领导机构和工作专班，并因地制宜，制定单独考核和奖补方案，形成"条块结合"的市县乡村四级管理体系，全面推进农村生活垃圾分类，进一步实现减量化、资源化和无害化目标。

（二）统一规范标准，全面推行"三次多分法"新模式

1. "初分"——农户源头干湿分离

农户作为垃圾分类受益者和参与者，实施源头分类，将生活垃圾进行干湿分离，简单分为可沤肥垃圾和不可沤肥垃圾两大类，可沤肥垃圾（厨余垃圾、果皮、杂草落叶、动物粪便等）由农户自行处理或集中到沤肥中心处理。村保洁员（分拣员）到农户家中回收低值可回收物和有害垃圾，并集中送至村级分拣中心。经测算，通过"初分"可实现 60% 以上的生活垃圾就地就农处理。

图 1 中娄底市娄星区杉山镇整治提升干部在花溪村指导农户开展源头垃圾分类投放。"初分"是我市推行"三次多分法"分类模式的关键和基础，有效发挥了党建

图 1　娄底市娄星区杉山镇干部指导农户开展垃圾分类投放

引领，实施网格化管理，开展积分管理，调动了群众主体作用。全市参与农村生活垃圾分类治理的党员干部多达 2 000 余人，参与垃圾分类的保洁员 7 680 余人，全市 1 924 个村、248 万农村常住人口基本全覆盖。

2."细分"——村（乡镇所在地村居）分拣中心简易分类

由村保洁员在村级分拣中心进行"细分"操作，主要按高值可回收物（废纸类、废金属类、废旧家电等）、低值可回收物（废杂塑类、废软包装类、废橡胶类、废纺织物类、废玻璃类、废旧农膜等）、有害垃圾（农药包装废弃物、电池、灯管、油漆桶、过期药品等）和其他垃圾四大类进行分类，"细分"出的其他垃圾由现有环卫体系收集，实行卫生填埋或焚烧发电处理。同时，通过对县村直收、乡镇转运等成本进行综合分析后，乡镇采取依托"物业 + 保洁 + 所在地村居"的方式，由物业公司和保洁人员将乡镇机关、镇区、沿街店铺等已分类的可回收物和有害垃圾集中暂存到所在地村分拣中心。村分拣中心可回收物达到一定量时，由村保洁员（或村整建专干）预约县级集散中心上门回收。

图 2 为位于娄底市双峰县经济开发区的县级集散中心，是全市首批示范县级集散中心。该中心占地 20 亩，分为分拣区、加工区、打包区和暂储区，有"精分"分

图 2 双峰县再生资源循环利用基地

拣厂房 4 间，符合环保标准的有害垃圾暂储仓库 1 处，运转车辆 3 台，叉车 6 台，压缩机 1 台，上线塑料破解生产线 3 条。该中心每天可回收低值可回收物 20 余吨，覆盖 488 个村，可满足全县低值可回收物和有害垃圾回收和"精分"需求。

3. "精分"——县集散中心按循环利用价值分类

县级集散中心收到预约后，适时到村分拣中心收集低值可回收物和有害垃圾，高值可回收物实行市场化运作，保洁员对比市场回收价进行售卖。县级集散中心将回收的低值可回收物按类别、等级、成分、价值等标准进行"精分"，集中分拣、分类处理，实现资源化利用目标；将有害垃圾集中暂存符合环保标准的专门仓库，委托有处理资质的公司进行处理，实现无害化处理目标。

图 3 为娄底市双峰县集散中心业务人员将回收的低值可回收物根据材料、类别、等级、成分、价值等标准进行"精分"，集中分拣，分类处理，将有害垃圾集中暂存符合环保标准的专门仓库，委托有处理资质的公司进行处理，实现无害化处理目标。

图 3　娄底市双峰县集散中心业务人员对可回收物进行"精分"

经过不断实践和完善，"三次多分法"优势初显：一是能够引导农户发挥好群众主体作用，自觉做好源头分类；二是减少了"镇转运"环节，降低了转运成本，县级集散中心直达村级分拣中心开展回收服务；三是多次分拣，逐级精细分类处理；四是作为全省唯一整市推进地级市，统筹兼顾、立足全局，建立了争先创优的良性竞争机制。

（三）建立双向监管机制

"纵向"由市农村人居环境整治提升领导小组，按照相关要求，建立市县乡村四级管理体系，市县供销合作社作为重点成员单位牵头参与的农村生活垃圾四级管理体系。年初市提升办和市供销合作社联合下达年度减量任务，由县、乡两级逐级分解任务，对县市区、乡镇建立"一季度一考评、一季度一通报、一年一总评"机制。市农村人居环境督导组联合市委督查室、市政府督查室，采取明察与暗访相结合的方式，坚持问题导向、结果导向，对照任务清单，紧盯时间节点，加大对人居环境整治督查和重点行业巡查力度。

"横向"由县级因地制宜建立考评体系，确保各项指标序时完成。例如，**娄星区**建立了区到镇、镇到村、村到屋场、屋场到户的"四级评比"机制，实行"一月一考核、一月一奖惩"机制；**冷水江市**对标对表省市要求，建立市直单位与村（居）人居环境整治提升联点机制；**涟源市**实行"双随机、分类别"月度考评奖惩机制；**双峰县**按照"内部管理制度化、工作调度规范化、督查考核公正化"原则，完善了年度督查考评办法；**新化县**实行月度考评成绩直接与乡镇以奖代投经费挂钩。

（四）出台政策、法规，强化垃圾分类法治保障

娄底市坚持立法引领、立法促治。2019 年 2 月，出台了《娄底市农村低值可回收物和有害垃圾回收处理暂行办法》，为娄底市开展农村生活垃圾分类奠定了政策扶持的基调、夯实了依法治理的根基。2022 年，市人大常委会会同司法、农业农村、供销等部门多次赴各地开展调研、多方征求意见、召开听证会，审议形成《娄底市农村人居环境治理条例》（以下简称《条例》）。2022 年 7 月，湖南省第十三届人民代表大会常务委员会第三十二次会议批准通过《条例》，使娄底市农村人居环境整治提升工作得到法治保障。该《条例》从娄底市农村生活垃圾治理实际情况出发，坚持问题导向，立法破解娄底市农村生活垃圾治理体系不健全、垃圾处理设施不足、建设运行经费缺口大、社会公众参与度低、村民环境保护意识不强等

难题，为有效治理垃圾分类、全面改善农村人居环境、建设美丽宜居乡村提供了坚实的法治保障。

（五）构建"五点筹资"多元经费保障机制

为确保垃圾分类民生工程让更多群众受益，娄底市构建了全民参与的"五点筹资"机制，即公共财政补贴一点、项目建设资金争取一点、属地企业履行社会职责支持一点、群众自筹一点、乡贤捐助一点，有效破解了资金短缺难题。据初步统计，各县市区在垃圾分类治理工作上的资金保障达上千万元。同时，充分发挥财政补贴资金效益，对低值可回收物和有害垃圾的源头收集每吨财政补贴200元，调动了保洁员（分拣员）的积极性，确保了应分尽分；对低值可回收物和有害垃圾的集中收集转运由各县市区供销合作社组织政府采购招标服务企业，财政补贴每吨300元运输费，确保了应收尽收；有害垃圾的终端处理通过服务外包委托有资质企业进行无害化处理，其费用由各县市区财政全额兜底。市政府对各县市区开展低值可回收物和有害垃圾回收处理的成效进行专项考核，每年安排1 000万元专项资金，实行以奖代补。

二、供销合作社主导，构建基础设施和服务网络完善的"再生资源循环利用网络"体系

（一）逐步完成"前中后端一体化"长效运行基础设施建设

一是村级分拣中心全覆盖。全市新建或升级改造村级分拣中心1 924个，实现行政村全域覆盖。市供销合作社联合市提升办根据农户知晓率与参与度、保洁员分类成效、分拣中心运转情况等多项指标综合评选，联合创建村级分拣中心示范点20个。全市组织开展"三个创建"验收行动，创建验收示范县级集散中心5家、示范乡镇40个、示范村（居）160个，形成了"以点带面，全面开花"的良好局面。

二是县级集散中心建成运营。市级负责营运统筹，县级建设，回收服务企业负

责落实，因地制宜，推进县级集散中心建设。目前，全市 5 家县级集散中心全部建成营运，总投资额达 7 300 余万元、总厂房面积为 28 746.4 平方米，可满足全市农村低值可回收物集中收运及有害垃圾暂储需求。其中新化县供销合作社积极争取地方党委政府支持，依托政府划拨土地及自有垃圾分类基础设施设备，通过与第三方再生资源回收利用运营商开展合作，严格按照市政府相关规定及市、县供销社规定业务流程，开展垃圾分类回收利用工作，既破解了供销合作社在再生资源循环利用体系中既当"裁判员"又当"运动员"的问题，又通过设施优化保障了体系的长效运行。

三是筹建市级再生资源循环利用产业园（基地）。 通过整合市供销合作社与市国资委优质资源，成立娄底市城乡再生资源有限责任公司，筹建市级再生资源循环利用产业园（基地）。培育壮大供销合作社系统再生资源龙头企业，为实现全市城乡生活垃圾分类回收处理一体化奠定坚实基础。

（二）建立再生资源循环利用体系

推进网络体系向村级下沉、服务功能向基层延伸，建立以村级分拣中心为基础、县级集散中心为支撑、市级龙头企业为统筹的农村生活垃圾分类回收处理体系。在巩固农村生活垃圾回收处理工作的基础上，娄底市积极拓展业务经营领域，将进一步规范农药包装废弃物回收处理、废旧农膜回收利用减量控害列为今后再生资源网络体系服务提升的重点，不断完善村有回收网点、县有集散中心、市有再生资源产业园（基地）三级网络体系经营服务功能，持续推进供销合作社再生资源企业逐步由"废品买卖型"向"环境服务型"转型升级。目前，集散中心平均每天回收低值可回收物约 60 吨，村级分拣中心回收服务覆盖率达 100%，累计回收低值可回收物6.38 万吨，有害垃圾 195.16 吨。

（三）建立全程指导监督体系

一是加大宣传，提升分类意识。 采取线上线下结合的模式，线上开通"娄底供销再生资源"公众号，作为娄底市垃圾分类宣传的唯一官方新媒体，累计推送文章 367 篇，上线分类课堂微视频 18 期，重点宣传垃圾分类相关政策和分类方法。线下举办垃圾分类宣讲师、乡镇村专干培训班，培训 2 000 余人次。深入农村、社区组织开展垃圾分类培训 100 余场次，培训 15 000 余人次，发放宣传资料 1.5 万余册。

二是规范标准，量化分类任务。市供销合作社与市提升办结合工作实际，科学统筹制定农村生活垃圾分类标准和年度减量任务。各县市区根据当年减量任务，逐级分解到乡镇和村。同时，建立市县乡三级日常督查通报机制，督促各级各单位按时按进度分阶段完成减量指标。

三是多措并举，强化回收监管。市级统一搭建"娄底市农村生活垃圾分类服务和监管平台"，运用系统化、网络化、可视化的监管方式，重点对低值可回收物和有害垃圾回收处理过程进行全程监管。县市区集散中心完善电子磅、视频监控等基础设施建设，配齐配强业务监管员，建立联单、台账管理制度，以确保回收利用处理全程可溯可查。

三、务求实效，实现"一减二降三提升"目标

（一）通过生活垃圾分类回收处理，逐步减少进入终端处理厂（包括填埋场和焚烧发电厂）的垃圾量

自 2019 年 7 月实施农村生活垃圾分类回收以来，全市农村生活垃圾整治工作的重点：**一是通过低值可回收物回收减量，**低值可回收物回收由 2019 年减量 894.72 吨，到 2022 年 12 月底减量 24 961.22 吨；**二是通过有毒有害垃圾无害化处理减量，**累计处理 195.16 吨；**三是通过对可沤肥垃圾就地减量，**每年农村生活垃圾中 60% 的可沤肥垃圾实现就地处理。综合以上减量方式，每年约减少了 8 万吨农村生活垃圾进入终端处理厂进行填埋或焚烧处理（见图 4）。

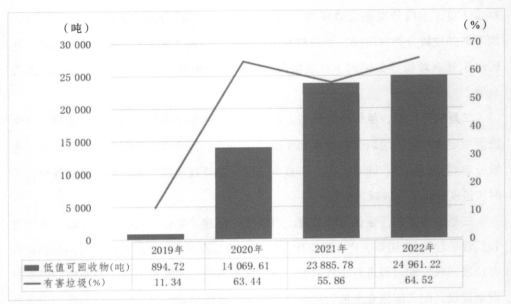

图 4　2019—2022 年娄底市低值可回收物和有害垃圾减量情况

（二）通过宣教和源头就地减量，降低人均垃圾产生量和清运量

一是降低人均垃圾产生量。充分利用网格化管理优势，将垃圾分类纳入村规民约，明确网格管理责任人和责任片区，结合农户特点，开展多元宣教、现场指导和任务分解等。避免干湿垃圾混放，降低一次性用品使用率，倡导低碳环保生活，增强农户垃圾节约意识和分类意识。例如，**冷水江市**坚持党建引领，以网格化管理为依托，组织开展"万名干部下基层行动"，引导全市党员、群众参与人居环境整治提升活动；以少先队员、团员、党员为三个重点群体，创新推行"三员工作法"，营造全民参与整治、人人爱护环境的良好氛围。**双峰县石牛乡**在开展五项专项行动的同时，强化宣传发动，村村有标语、村村召开屋场会，并定期召开全乡保洁员讲评大会，全乡一盘棋推动环境整治提升工作。

二是降低垃圾清运量。通过"三次多分法"，从源头分类减量，利用农村自然禀赋，占生活垃圾 60% 的可沤肥垃圾可实现就地就农处理，有效降低了其他垃圾的清运量。乡镇、村（居）投入于垃圾处理的经费大幅度降低，例如，**娄星区双江乡**以美丽屋场建设为抓手，建立集中连片网格，辐射带动周边农户做好垃圾分类，垃圾处理费用由 2019 年 7 月实施农村生活垃圾分类处理前的每年 40 万元，减少至每年 28 万元。

（三）通过"四级管理和再生资源"双体系推进，以达到"三提升"目标

一是提升资源回收利用率。因地制宜，梯次推进供销合作社再生资源回收利用与环卫清运网络"两网融合"，通过多元融合发展，全市每年集中回收低值可回收物 2 万余吨，实现了将垃圾"变废为宝"。全市五县市区集散中心通过多种渠道，截至目前，累计精细分类处理低值可回收物 6 3811.33 吨，实现营收 1 914 万余元。涟源市、双峰县、新化县等地上线塑料破碎清洗生产线，从简单分拣转变成初级加工，多倍提高回收处理收益，逐步从"搬运工"向深加工转变。

二是提升农村环境质量。科学建立农药包装废弃物回收处理、废旧农膜回收利用减量控害机制，累计回收废旧农膜 360.77 吨、农药包装废弃物 114.43 吨，"白色污染"得到有效遏制，农村面源污染得到有效治理。全市通过"六乱治理"和农村生活垃圾分类结合，重点治理村民房前屋后、边坡、低洼区域、道路旁水沟、乱丢乱倒生活垃圾、废弃杂物等卫生死角，有效改善了各村"脏、乱、差"状况，成功创建了省级同心美丽乡村 10 个、市级同心美丽乡村（社区）29 个，营造了"干干净净、整整齐齐、舒舒服服"的乡村环境。

三是提升农村综合治理水平。（1）上线"村级管家"功能。以垃圾分类为主线，不断拓展和延伸服务领域。娄星区、冷水江市集散中心服务业务向基层延伸，承担起部分村级物业管理任务，由单一的垃圾分类回收转变为村级物业综合服务。（2）建立农村"绿色银行"。建立了垃圾分类积分标准、置换物分值、兑换与积分累计奖励标准，设置了垃圾分类处理流程图等展示牌，鼓励村民踊跃参与。涟源市通过创新探索"绿色银行（公益银行）＋垃圾分拣中心"垃圾分类工作模式，采用垃圾分类"农户积分奖励、保洁员计量补助"的方法，打造了渡头塘镇渡头塘村、杨市镇东园村、斗笠山镇香花村等垃圾分类示范村，成功创建了古塘乡、杨市镇、

龙塘镇、三甲乡等娄底市农村垃圾分类示范乡镇和一批高标准的垃圾分类示范村。
（3）提供就近就业岗位和保障。目前全市垃圾分类从业人员约有 2.5 万人，其中多数公益岗的人员为贫困户成员、大龄就业困难人员等。对于这些人员，由乡镇或村财政承担一定底薪，此外，通过销售高价可回收物，如废纸板、废旧金属等，同时对细分的低值可回收物和有害垃圾实行源头补贴，提高他们的待遇，提高其工作积极性。

四、存在的问题

（一）农户分类意识不强

随机调研结果显示，部分农户以收集可售卖变现的高值可回收物为主，而对不可售卖变现又污染环境的低值可回收物和有害垃圾置之不理。有些农户认为只要卫生保持干净就达到了垃圾分类的要求。同时，村保洁员受年龄、文化程度等影响，对"初分"的可回收物和有害垃圾的分类、打捆、暂储等环节的操作技术水平较低，工作与指导标准存在差距。

（二）前后体系衔接不畅

市农村生活垃圾治理体系主要由两个部门负责，前端分类由农业农村部门负责，中端回收和末端处理由供销部门负责。在推进过程中部门间联系紧密，分工协作，基本实现了齐抓共管的良好局面。但在基层运转过程中，囿于事权、资金、考核等分属两个部门，导致沟通不畅、衔接错位，影响了整个分类回收处理系统的运营效益，如集散中心的回收标准与村保洁员的"初分"效果存在较大差异，导致增加了运输成本和加工成本。

（三）企业造血功能不足

尽管各县市区供销社集散中心（回收服务企业）能够满足辖区内农村低值可回收物和有害垃圾的回收处理需要，但缺乏具有本地影响力的再生资源龙头企业，市场竞争力不足，产业集群发展程度不高。同时，由于县市区集散中心均为租赁场地（除新化县外），受场地制约，回收服务企业无法进行大规模投入和持续性投入，场地建设、加工设备等难以达到现代化集散中心水平，无法形成较大规模。

五、对策建议

（一）加大宣传引导力度

利用村广播、屋场会等方式，深入讲解垃圾分类的政策、要求和方法。结合互联网和新媒体等手段，实现全覆盖宣传。充分挖掘典型模式和成功经验，组织开展系列宣传报道和宣讲师培训班，营造全社会关注、重视和参与垃圾分类的良好氛围。

（二）强化资金政策保障

在不断完善以奖代投的基础上，确保每年安排的财政资金及时到位，进一步加大对村级分拣中心、县级集散中心基础设施建设的扶持力度。逐步推行农户付费制度，鼓励能人捐献一点、广大群众以工代劳解决一点，广辟资金筹措渠道。

（三）加快市级基地建设

鼓励社会资本参与垃圾分类工作，利用市场竞争调节作用，持续推进县级营运企业规范发展，发挥市级循环利用基地统筹作用，激活可回收物资源化利用市场，整合全市行业资源，做大做优产业链，推动垃圾处理产业可持续良性发展。

（四）创新探索"两网融合"

推进"三次多分法"分类模式向纵深发展，推动前端分类与中端收运、末端处理融合发展，逐步建立"贯通全流程、涉及全品类、覆盖全区域"的供销社再生资源回收利用体系，推进垃圾分类实现减量化、资源化、无害化目标。

单位简介

　　娄底市供销合作联社于 1977 年娄邵分家时成立，是参照公务员管理的市政府直属正处级事业单位，目前全市系统有娄星区、冷水江市、涟源市、双峰县、新化县五个县市区联社。近年来，娄底市供销合作联社连续三年获全省系统综合业绩考核一等奖，是全市绩效考核优秀单位。2023 年，娄底市供销合作联社大力实施"强基强能"工程，抓好农村、城市、加工三大版块，聚焦"五个拓展"，打造娄底农村生活垃圾分类回收处理升级版，形成城乡人居环境整治大合作大联盟大服务格局。

四川省泸县供销合作社
创新"四统一"筑牢环卫防线

——四川省泸县玉蟾街道供销合作社垃圾清运一体化管理

泸县玉蟾街道供销合作社　刘利　洪代富

一、基本情况

泸县玉蟾街道地处川渝结合部、泸县县城所在地，面积为 79.5 平方公里，辖 10 个社区、12 个行政村，总户籍人口为 10.58 万人，其中农业人口为 4.2 万人。随着经济社会的快速发展，群众物资生活水平不断提高，日产生活垃圾持续递增，又因村落分散、基础设施薄弱、群众自觉性弱等突出问题，环境卫生脏乱差现象随处可见，严重影响了县城环境面貌和对外形象，一定程度上制约了全县经济社会发展，更威胁了广大群众的身体健康。垃圾分类管理前期在县城主要干道和城乡接合部公路沿线设置了垃圾分类箱，但群众对垃圾危害认识不到位、垃圾分类观念不强等原因，导致垃圾分类管理成效不突出。

改善人居环境是乡村振兴战略的重要内容，而生活垃圾规范清运是环境卫生工作得以长效运行的基础，是优化城市整体形象的保障，更是提升群众满意度的重要举措。泸县玉蟾街道因地制宜，充分发挥供销合作社为农服务"主力军"的作用，大胆创新探索出"统一环卫管理、统一工作服装、统一设备标识、统一服务标准"的一体化管理模式，强化生活垃圾清运工作，引领全县生活垃圾清运更规范，切实改善了农村人居环境，推进了美丽乡村建设。

二、创新举措

泸县玉蟾街道基于村落分散、村基础不平衡、村情不一等情况，对垃圾清运模式只提标准，不做硬性规定，由泸县玉蟾街道供销社自行确定。供销社自承接环卫保洁工作后，结合各村（社区）实际情况，采取"四统一"的一体化管理模式，即"统一环卫管理、统一工作服装、统一设备标识、统一服务标准"，建立起高效的垃圾转运工作流程。

（一）统一环卫管理

统一环卫管理标志着城乡垃圾清运管理实现了一体化。目前，泸县玉蟾街道已将辖区内的 12 个行政村、1 个社区、4 个二级场镇、89 个村民小组的垃圾清运工作全部交由泸县玉蟾街道供销社承接管理，全面实现"一把扫帚扫全城"的工作目标。泸县玉蟾街道供销社高度重视接管后的清运管理工作，把场镇、村组的垃圾清运工作作为重点工作来抓，严格落实统一调度和统一管理制度。根据各路段实际情况，详细制定服务保障和长效工作机制，各村（社区）压实保洁员责任，按照"户到村"的管理模式，实行集中收集、统一管理的原则，坚决杜绝"二次污染"。严格落实"横向到边全覆盖、纵向到底无盲区"的管理要求，同时向管理区域以外进行纵深拓展，定期清扫支路街巷、无名道路、村民房前屋后的卫生，实现场镇、村组和主次干道环卫保洁统一管理。

（二）统一工作服装

为规范秩序，树立城市保洁人员形象，泸县玉蟾街道供销社为环卫保洁人员配发了 130 余套印有"玉蟾供销环卫"的橙色服装；统一着装有助于提升供销系统纪律作风，强化供销文化及凝聚力，增强员工的归属感，营造良好的工作秩序。统一工作服装体现了供销社的标准与规范，彰显了团体的协调与和谐的团队精神，能够体现出"制服在身上，责任在肩上"的硬道理，有利于增强环境卫生保护工作的严肃性、权威性和规范性，还有助于促使员工把使命和责任扛在肩上，把纪律和规矩体现在行动中，树立起良好的泸县玉蟾街道供销社环保队伍形象，提升城市环卫品质。

（三）统一设备标识

设备标识的统一，既有利于设备的统一管理，提高时效性，也有利于提高保洁员的识别能力。按照"统一颜色、统一图案、统一样式"的要求，泸县玉蟾街道供销社对新添置的 3 辆压缩式环卫车、1 辆冲洗车、5 850 个垃圾箱、300 余个垃圾坑、25 个垃圾库进行了喷印，全部喷印了"中国供销合作社＋玉蟾供销环卫"的统一标识，标识完整、图案醒目、外观大方，成为一种载体、一种信息传递的媒介。随着供销社环卫制度的规范化，统一设备标识的规模化、人性化，泸县玉蟾街道供销社的整体形象得到了有效提升（见图 1）。

图 1　玉蟾供销环卫车辆及作业情况

（四）统一服务标准

服务标准是环境卫生的重要一环，也是供销合作社为民服务的风向标，也是评价工作实绩的最有效依据，有了服务标准才有方向、有目标。泸县玉蟾街道供销社建立了一套精细、规范、行之有效的环卫服务标准，使每位员工清楚地了解供销社对服务的要求和期望，从而能够引导、规范、约束保洁员的心态和行为。有了标准，员工才知道什么样的服务是最好的，从而会依照这个方向去努力，这不仅为员工提供了工作方法，而且为员工指明了工作方向。我们始终坚持"一日一清"的环卫制度，通过清晰、简洁、直观、印制"六无"标准宣传册等有效的方式，统一保洁条件、统一卫生标准、统一服务质量，实现了城郊与县城环境卫生的一体化标准。

全县通过采取不断宣传引导、探索实践、随机暗访、对比考核、定期调度等方式，使垃圾减量 500 余吨，回收可回收生活垃圾 300 余吨。泸县玉蟾街道供销社承担的垃圾清运工作消除了长期形成的卫生死角。环境卫生的改善，有效增强了村（居）民爱护环境卫生的意识，充分营造了全民参与清洁卫生、共建美丽乡村的良好氛围。同时有效优化了城郊与县城环境卫生，为县城创建全国文明城市打下了坚实的基础，使村（居）民的生活过得更舒适，同时得到了各级领导和广大村（居）民及社会各界的高度赞扬和认可。

三、取得的成效

泸县玉蟾街道根据实际情况探索出了垃圾处理市场化运作模式，通过供销合作社整合资源、一体化管理，既节约了经济成本，又美化了环境，形成了垃圾清运一体化的独特局面。

（一）改善民生，提高文明素养

在"四统一"管理模式下，县城周边群众的自我约束能力、环保意识、生活品质等都得以大幅度提升，这使广大村（居）民在潜移默化中树立了环保的意识，营造出全民参与清洁卫生、共建美丽乡村的良好氛围，使村（居）民的生活过得更舒适。

（二）因地制宜，提升管理水平

结合保洁人员日常工作台账、人口聚集密度、自然地理条件、经济发展水平、生活垃圾成分等情况的分析，采取"全链条提升、全方位覆盖、全村组组织、全社会参与"方式，配齐设施、分类清运、引领示范、发动群众、因地制宜、持续推进，使管理更规范有序，群众满意度也更高。

（三）规范处置，提高使用效率

对生活垃圾坚持采用减量化、资源化、无害化处置原则，全面鼓励和推广垃圾分类收集、分类处置，鼓励垃圾资源再利用，提高垃圾再次使用效率。这一系列举措得到了泸县玉蟾街道党工委、办事处和广大村（居）民及社会各界的广泛认可。

四、推广经验

良好的环境卫生是社会生产力持续发展和人民生活质量不断提高的重要基础，是经济发展的助推器，是实现乡村振兴的重要保障。

（一）坚持政府主导原则

垃圾清运处理关系到群众的生活环境、身心健康，在当前村落村民自治能力薄弱、收入不高的现实条件下，政府需要承担起相应的组织、协调、引导责任。泸县玉蟾街道供销社在边探索边实施的情况下，研究制定了《泸县玉蟾街道干道、国道、县道两侧卫生管理方案》《泸县玉蟾街道主干道卫生管理方案》《泸县玉蟾街道农村家园清洁行动达标评比的通知》和《泸县玉蟾街道垃圾中转站管理制度》等文件和制度，既规范了管理，又建立了长效机制。

（二）完善经费保障机制

泸县玉蟾街道把垃圾清运资金项目统筹作为乡村振兴和垃圾集中收集处理的重点扶持内容：一是项目资金集中管理，将农业、扶贫、环保等部门的相关项目资金进行捆绑，分期分批用于实施垃圾处理；二是探索实施"以奖代补"的激励机制，对常住人口达到 2 000 人的村补助 70 000 元 / 村 / 年，对 1 000—2 000 人的村补助

60 000 元 / 村 / 年，对 1 000 人以下的村补助 50 000 元 / 村 / 年；三是建立多渠道筹资机制，坚持"群众集一点、村组拿一点、部门帮一点、财政补一点、向上争一点"的"五点筹资"法，保障了垃圾清运工作有序开展。

（三）严格考核管理制度

泸县玉蟾街道把垃圾清运集中处理工作纳入对各行政村和社区的目标考核管理制度中，并对其予以严格奖惩。泸县玉蟾街道供销社对保洁员采用浮动工资制，连续三次保洁抽检不合格就予以调整；对村落、环境卫生进行评比，采用村规民约、党员积分管理、红黑榜昭示全村的方式对垃圾处理情况进行奖励和惩罚；每月通过"当家人"微信群为群众上一次关于环境卫生整治的"微课堂"；通过线上培训宣传、线下制度监管，增强村民的垃圾处置意识，以展现泸县龙城儿女勤劳、文明、整洁的风采。

作者简介

第一作者：刘利，女，汉族，现年 37 岁，大学文化，中共党员，现任泸县玉蟾街道供销合作社理事会副主任兼总经理。

通信作者：洪代富，男，汉族，现年 58 岁，大学文化，中共党员，现任泸县供销合作社联合社党组成员、一级主任科员。

泸县玉蟾街道供销合作社简介

泸县玉蟾街道供销合作社成立于 2018 年 12 月，主要按照"农业＋非农业"模式运营，有社有企业 4 家，在做强供销传统主业基础上，拓展到乡村保洁、清河护岸、广告制作和建筑劳务等农村社会化服务领域，实现了可持续发展。2021 年 12 月被四川省供销社评为"基层社示范社"。

商河"零桶模式"助力农村环卫一体化发展

中再生（商河）环卫有限公司　曹伟　韩志恒

2019 年，商河县在探索完善全县统一的城乡环卫一体化市场化运行机制之际，与中再生（商河）环卫有限公司（以下简称"商河环卫"）建立了合作关系，由商河环卫全面承接商河县城乡环卫一体化及农村生活垃圾分类业务。商河环卫通过创新管理思路，在行业内首次试点推行整县域撤桶并点、上门收集的"零桶模式"，实现了农村保洁全域覆盖和一把扫帚扫到底、全县一盘棋作业，走出了一条适合商河县的可持续发展道路。

引言

商河县城乡环卫一体化工作由县主管部门督导，各乡镇、街道自治。由于各乡镇、街道的管理水平千差万别，对环卫重视程度参差不齐，以及城镇居民的生产生活方式在城镇化发展过程中产生的巨大变化，因此城乡环卫一体化管理模式相对滞后，环境脏乱差、资金投入不足、设施设备陈旧等问题依然存在。与此同时，商河县还面临着城市管理综合考评、农村人居环境整治考评等多种环境指标考核带来的压力。在"内忧外患"的双重压力下，商河县城乡环卫一体化工作急须破局，转变思路，建立全新的科学管理模式。

一、商河环卫企业介绍

商河环卫成立于 2019 年，隶属于中国再生资源开发有限公司（以下简称"中再生"）旗下的环境服务板块，是商河县政府与中再生在城乡环卫一体化合作过程中，结合商河县实际情况专门成立的。2019 年，商河环卫全面承接济南市商河县城乡环卫一体化及农村生活垃圾分类业务，服务期限为 15 年，服务 12 个镇街、948 个行政村、57 万人口，为 1 900 余人提供了就业机会。

二、"零桶模式"三大特点

商河环卫与县城管局、各属地镇政府通过签订三方管理协议，明确了各方权责，理顺了三级管理体系，推动了县主管部门、镇协管部门、企业实施单位的有效联动（见图 1）。

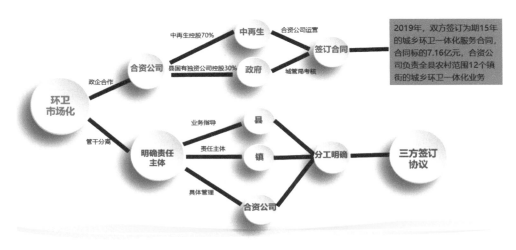

图 1　中再生环卫市场化构架

商河环卫通过观摩调研周边地区、环卫优秀地区情况，学习先进管理工作经验，集中研究整治方案，决定打破原有各乡镇（街道）自管自理的体系，调整管理及运营方式，制定统一的管理办法和作业标准，向全县域统一推送标准化管理方式，并首次试点推行整县域"零桶模式"，即撤除村内垃圾桶，设立分类收运集中点，配置新能源三轮车，实行生活垃圾上门收集作业。

（一）"四色分类"

商河环卫将城乡环卫垃圾清运网络与再生资源回收利用网络有效融合，将原来摆放在村内的垃圾桶配置在上门回收车上，并按照可回收物入蓝桶、有害垃圾入红桶、厨余垃圾入绿桶、其他垃圾入灰桶的规则进行分类收集。设定了"有害垃圾宣传收集周"，在每月第一周集中收集有害垃圾并运送至有害垃圾暂存点，最后统一运输到危废处置单位进行焚烧填埋；还设定了"可回收物宣传收集日"，每月在规定时段内巡回宣传收集可回收物并运送至可回收物暂存点，最后统一运输到再生资源分拣中心进行分拣再利用；厨余垃圾、其他垃圾每天由管护员早晚两次定时上门收集，日产日清，厨余垃圾转运至县厨余垃圾处置中心，制作成有机肥料，其他垃圾转运至生活垃圾填埋场。

（二）"公交式收运"

"公交式收运"，是指"定时投放、定点收集"，垃圾不落地、不混装的上门收运方法。商河环卫将供销社"摇铃铛、收废品"的精髓融入生活垃圾定时上门收集当中，并逐步建立起农村垃圾分类"定时、定点"投放模式。管护员在固定时段内（早晚各一次）播放宣传广播，村民在垃圾分类督桶员现场指导监督下，将生活垃圾投放至指定区域内的对应垃圾桶中。在规定时段外，督桶员对有害垃圾、可回收物、厨余垃圾收集容器进行上锁管理，以免与其他垃圾混淆。在商河县贾庄镇孟东村，每天上午七点和下午四点，都会响起垃圾收运车巡回服务的广播，届时村民们都会自觉地将自家提前分好类的垃圾倒入收运车上的垃圾桶内（见图2）。

图2　发放上门收集车，开展上门回收作业

从村民家里统一收集垃圾后，由管护员转运到村里的收运集中点，再由压缩垃圾车集中清运。商河环卫将分类好的生活垃圾进行分类运输和分类处置，将其中有害垃圾送往济南市有害垃圾暂存中心，将厨余垃圾进行厌氧资源化处理，将其他垃圾运至商河县垃圾处置中心，回收垃圾进入再生资源回收体系，最终实现生活垃圾减量化、资源化和无害化处理（见图 3）。

图 3　设备车辆和生活垃圾转运站

（三）特色管理员

为了优化垃圾分类实施效果，商河环卫设立了片区管理员、清运员、管护员等各类管理人员，并定期对其进行常规化培训，从而提高了整个团队的业务水平和作业能力。

1. 管理员

按照每个行政片区配置 1 人的原则，商河全县 99 个片区共配置 99 名管理员。管理员起着承上启下的作用，其职责包括完成镇级经理及助理布置的各项工作；组织保洁员召开每周例会，监督保洁员完成日常化作业；监督片区内的清运工作，协调处理管辖片区内有关环卫工作的各种意见及纠纷等。

2. 清运员

按照每 1 万农村人口配置 1 人的原则，共配置清运员 54 人。清运员要按公司要求的上岗时间进行作业，严格按公司要求完成垃圾清运工作。

3. 管护员

根据各村每 300~500 人配置 1 名管护员的原则，948 个村庄共配置管护员 1 668 人。管护员上岗时需要身穿公司发放的环卫背心，携带全部作业工具（大扫帚、捡拾器、铁锹、铲刀、抹布等），服装干净（经常清洗）、穿着整齐（必须系扣），见图 4。

图 4　垃圾分类宣传培训活动

三、"零桶模式"带动商河农村人居环境全民提升

商河县按照"试点先行、示范引领、全面推进"原则，在 155 个试点村推行了撤桶并点、每日定时定点上门收集的"零桶计划"，将试点村庄道路上摆放的垃圾桶全部撤除，按每 500 人配备 1 辆上门回收车，以村为单位设立集中回收点，推行生

活垃圾定时上门回收模式,取得了良好的效果。随后商河县以试点村庄带动试点管区,以试点管区带动试点镇,以试点镇带动更多的镇,最终实现了全县农村生活垃圾搭上"定时公交",建立起了农村垃圾处置商河模式。截至目前,商河全县域通过覆盖"零桶模式",投放上门收集车 1 300 余辆,新国标分类垃圾桶 2 万余个,成为济南市农村垃圾分类试点先行主力军。2021 年商河环卫全年共清运生活垃圾 9.9 万吨。

（一）农村人居环境得到明显改善

商河县通过持续不懈的运营,使大街小巷街道变得干净整洁,基本消灭了农村卫生死角问题,大幅度改善了当地居住环境、大幅提高了人民幸福度。由此,商河县在济南市人居环境整治和城市管理综合排名中大幅度提升。

改变生活垃圾收运模式,既提升了农村生活垃圾收运效率,也提高了村民精准分类水平,还提升了村庄整洁程度,从而得到了广大居民的一致好评。

（二）环卫管理服务难度有效降低

商河全县域实行统一化管理,从"单一农村生活垃圾管理"向"全县农村人居环境综合治理"延伸,从"单一解决农村生活垃圾"向"综合解决各类垃圾污染"延伸,能积极发挥县级主管部门的"指挥棒"作用,实现了从上到下指挥"无延迟",改善了早期作业时间长、标准不一的现象。同时,"全县保洁一盘棋"降低了环卫管理服务难度,推动了环境卫生管理从"末端垃圾清理"向"源头污染防治"转变,从"环卫企业单向管理"向"社会参与共治"转变,实现了"户集、村收、镇转运、县（区域）处置"的生活垃圾处理模式。

（三）垃圾分类投放逐渐成为习惯

商河县依托垃圾上门收集和定时、定点投放的模式,开展农村垃圾分类。每一次上门收集都是一次垃圾分类的现场指导,每一次定时定点投放都是一次参与垃圾分类活动。从源头指导、从源头减量、从点滴宣传,不仅带动了村民知晓垃圾分类知识,而且带动了村民参与垃圾分类工作、提高垃圾分类的准确度,从而改变了村民的生产生活方式，帮助村民养成了良好的生活习惯。

四、"零桶模式"引领农村环卫一体化新风尚

商河县的"零桶模式"作为农村人居环境整治的典型成功案例，取得了非常好的社会效益、环境效益和品牌效益，先后被中央电视台新闻频道、中文国际频道等以"乡村振兴新发展""巩固脱贫成果，全面推进乡村振兴""农村人居环境整治，城乡环卫一体化加速"为题进行专题报道。"零桶模式"可复制性强，截至目前，中再生公司已在山东青岛、河南洛阳、四川夹江及湖南醴陵等十余个地市县进行推广复制，通过精准推行垃圾分类，有效实现了两网融合，显著改善了村容村貌。

作者简介

第一作者：曹伟，男，汉族，1984年5月生，山东泰安人，2008年参加工作，2006年6月加入中国共产党，济南大学本科学历，管理学学士，经济师。现任济南供销环境科技有限公司党支部书记、董事长、总经理，中再生（商河）环卫有限公司董事长、总经理。

通信作者：韩志恒，男，民族汉，1991年出生，山东省济南市商河县人，毕业于山东交通学院，大学本科学历，现就职于中再生（商河）环卫有限公司，担任综合管理部行政专员一职。

发挥系统优势，提升环境服务水平
——安徽省供销社强化再生资源体系建设

安徽省供销合作社联合社　　合肥市供销合作社联合社

2022 年，安徽省供销社系统深入学习贯彻关于乡村振兴工作重要论述和对供销合作社工作的重要指示精神，认真贯彻落实省委省政府关于垃圾分类工作部署，按照省供销社职责任务，聚焦主责主业，坚持高位推动，常抓不懈，努力为全省乡村振兴贡献供销力量。

一、统筹推动再生资源体系建设工作，助力农村人居环境改善

（一）坚持高位推动，认真推进落实

安徽省供销社系统积极开展"农业社会化服务、农产品流通服务和再生资源回收利用"体系建设。省供销社高度重视三大体系之一的再生资源回收利用体系建设，成立工作专班，主要负责研究部署再生资源回收体系建设规划、目标和任务，明确分工，落实职责，统筹推动全省再生资源回收利用体系建设工作。省供销社要求各级供销社提高政治站位，积极参与，采取切实有效措施，加快建设覆盖面广、功能完善、技术先进、管理规范、生态高效的再生资源回收利用体系，全力参与配合各级政府垃圾分类相关工作。

（二）充分利用政策，培育龙头企业

2022 年省级"新网工程"项目政策中专门列出扶持再生资源体系建设的条款，通过专项资金带动各级供销社盘活存量资产，助力再生资源回收利用分拣中心及回

收站点的网络建设；引导企业以资本、技术、管理、品牌为纽带，整合行业资源，延伸产业链，形成综合性回收企业，实现规模化运作和品牌化经营，提高综合服务能力和行业组织化程度。支持省供销社控股企业安徽双赢再生资源集团，通过全额投资、重组控股、品牌合作等多种形式，以省会合肥为中心，向南北两轴延伸布局，实施"基地＋网络＋品牌＋体系"的发展战略，促进全省系统再生资源行业发展。

（三）谋划统筹布局，强化体系建设

安徽省主要形成了以安徽双赢再生资源集团为省级龙头，以市县供销社再生资源龙头企业为骨干支撑，上下联合开展项目建设，探索构建以乡镇、社区回收站点为基础，以区域集散分拣加工基地为重点，以主要再生资源品种综合利用为目标的再生资源回收利用网络体系。目前全省系统共有分拣中心161个，再生资源回收利用产业园区20个。其中合肥市供销社积极探索切合市情民意的再生资源体系建设模式，按照《合肥市再生资源回收利用体系建设场站专项规划》，确立"规划先行、政策支撑、目标考核、三级联动"的工作思路，大力开展全市再生资源回收网点建设，并将再生资源回收体系建设工作成效纳入全市各级党委、政府、党政机关的目标责任制考核体系，全市累计建成规范性回收站点445个、合肥循环经济示范园1个，有序推进肥西、庐江静脉产业园建设工作，高新区结合生活垃圾中转站建设再生资源分拣中心项目已于2022年11月招标，目前正在进行主体结构施工；新站区建筑垃圾再生资源利用中心及宣传教育基地开工建设，项目总投资额为3亿元，占地面积约为35亩。长丰县拟在双墩镇建设再生资源分拣中心，目前正在土地拆迁中；肥西县再生资源综合利用项目立项完成。

（四）发挥系统优势，提升环境服务水平

在安徽省供销社年度重点工作任务等文件中，均把垃圾分类等环境服务相关工作列为重点推进内容之一，把环境服务纳入省社领导考察调研任务中。引导重点企业走出去学习，借鉴系统内外先进理念，尽快形成可持续发展的安徽模式。黄山市供销社携手省供销集团所属企业辉隆集团新安农资有限公司，通过公开招标继续承担黄山市农药零差价集中配送工作。目前共完成规范化网点建设 466 个，实现乡镇级农药集中配送覆盖率 100%，村级覆盖率 80%，全网点科学统筹布局，确保了配送体系高速运转，有效缓解农业面源污染，废弃农药包装物回收率达 90% 以上，有效保护了生态环境。截至目前已累计配送生物农药、高效低毒农药合计 4 039 吨，配送额累计 1.92 亿元，回收废弃农药包装瓶（袋）超 1 亿个，支付农民回收费 1 110 万元，无害化处理 452 吨。2022 年，累计配送生物农药、高效低毒农药合计 359 吨，配送额累计 2 300 余万元，累计回收废弃农药包装瓶（袋）1 700 余万个，无害化处理 139 吨。

（五）加强宣传引导，营造良好氛围

通过召开专题会议、悬挂横幅和标识牌、张贴回收公告等形式，广泛宣传农药包装废弃物乱扔的危害性和安全处置的重要性，提高群众的知晓率和认可度，增强群众的生态环保意识。采取有偿回收等奖励措施，鼓励农民和种植大户等积极参与废弃物回收工作。发挥供销社系统再生资源等行业协会作用，指导有条件的企业参与农村人居环境整治、农村生活垃圾分类处置、农药包装废弃物回收处置等工作，进一步拓展回收企业经营服务领域和提高回收能力，形成携手垃圾分类治理、共创农村美好人居环境的良好氛围。

二、锚定农业生产废弃物"主跑道"，内外赋能龙头助成长

（一）大力培育龙头企业

继续利用现有资源，盘活存量资产，推进建设再生资源回收利用分拣中心及回收站点。进一步引导企业以资本、技术、管理、品牌为纽带，整合行业资源，延伸产业链，形成综合性回收企业，实现规模化运作和品牌化经营，提高回收综合服务能力和行业组织化程度。

（二）推进回收体系建设

结合国家及地方关于垃圾分类、塑料污染治理、环境整治、绿色循环发展、"碳中和、碳达峰"、乡村振兴等有关文件精神，重点推进再生资源回收利用体系重要节点的项目建设，持续加大利废项目建设力度。以便利居民交售废旧物资为原则，结合城市、农村的不同特点，合理布局再生资源回收站点，继续推动构建完善以龙头企业为骨干、区域集散分拣加工基地为重点的再生资源回收利用网络体系。

（三）积极探索"两网融合"

支持以安徽双赢再生资源集团为代表的系统内再生资源龙头企业积极探索深度参与生活垃圾分类回收工作，通过"两网融合"，实现生活垃圾的减量化和资源化，减轻生活垃圾终端处理压力，促进再生资源循环利用，促进再生资源企业向环境服务转型升级。

（四）积极推广典型经验

积极宣传推介合肥、黄山市供销社农业生产废弃物回收和农药集中配送工作经验。组织市县供销社赴合肥、黄山市供销社考察学习。帮助市县供销社争取政府在政策、资金方面的支持，复制和推广合肥、黄山市供销社成功经验。

拓展阅读

合肥市供销社农资（农药、地膜）包装废弃物回收处置工作案例

一、单位简介

合肥市供销社成立于新中国成立初期，属政府直属参公管理事业单位。机关内设办公室、财务审计处、资产管理处、合作经济指导处、综合业务处、再生资源行业管理处、直属党委（组织人事处）等职能处室。下辖合肥市供销集团有限公司、合肥市供销商业总公司、合肥银山棉麻股份有限公司等全资或控股企业19家。主要

职责是推进全市供销社系统综合改革；指导全市基层供销社组织建设，建立和完善农业社会化服务网络体系，为"三农"提供综合服务；管理、运营本级社有资产，确保资产保值增值，对直属单位行使出资人职能；牵头全市再生资源回收利用体系建设，负责管理再生资源回收行业；牵头全市农药包装废弃物回收处置体系建设，助力美好乡村建设和城市绿色发展等。

二、模式设计及运行情况

合肥市农膜农药包装废弃物回收处置工作自 2019 年开始在全省率先实施。经过四年多的探索与实践，已逐步建立以"市场运作、财政奖补、属地管理、专业化处置"为主要模式的工作机制。

（一）健全回收网络体系

坚持"就近就地、方便合理、安全规范"的原则，优化回收网点布局，健全县级收贮中心、乡镇暂存中心和村居回收点。废旧农膜回收可依托种植大户、合作社、家庭农场建点，使用相对集中的园区、村居设立回收网点。农药包装废弃物回收原则上按照"谁销售、谁回收"的要求，依托农药经营店建点。县级收贮中心、乡镇暂存中心要做到"五有"，即有足够贮存场所、有统一标识牌和管理制度、有专（兼）职管理人员、有专用回收设施、有回收处置台账记录。对运行不规范、制度不健全、积极性不高、参与度低的回收网点，限期整改，整改不到位的应及时做出调整。

（二）加强回收运行管理

按照"村居回收、乡镇归集、县区运转处置"的运行模式，规范管理，及时转运，结合实际力争"月收月转，月结月清"。县（市）供销部门（相关区牵头单位）应按照"风险可控、定点定向、全程追溯"的原则，加强监督和指导。强化回收入库出库管理，回收量的审验和抽查，做到账账相符、账实相符；处置（处理）环节由县（市、区）主管部门派员现场监督，严禁流于形式、走过场。推动农膜、农药生产者、经营者和使用者充分履行回收义务，鼓励采取以旧换新、价格补贴、现金回收等形式进行有偿回收，力争应收尽收。严格按照《国家危险废物名录（2021 年版）》附录《危险废物豁免管理清单》中对农药包装废弃物（废物代码：900-003-04）回收处理的豁免规定，落实好收集、运输、利用和处置等各环节工作，确保依法合规，不产生二次污染。鼓励支持开展农药包装废弃物处理资源化利用。

（三）加强"三新"示范推广

加强农膜和农药使用技术指导，加大新产品、新技术和新模式示范推广工作，减少农膜和农药使用量。开展"一膜两用""一膜多用"茬口优化等农膜减量应用技术以及废旧农膜机械化回收技术示范推广，大力推行农作物病虫害绿色防控和统防统治，推广使用大包装农药，减少农药使用量，减少农药包装废弃物产量。统筹整合现有农资经营网络资源，鼓励开展"集中采购、统一配供、限量使用"的农药集中采购统一配供试点工作，探索建立农药统一配供与废旧农膜、农药包装废弃物回收一体化运行模式。

（四）加强执法检查力度

严格执行国家强制性标准《聚乙烯吹塑农用地面覆盖薄膜》（GB 13735 — 2017），加强地膜产品国标执行情况的检查力度，严厉查处生产、销售、使用不达标地膜产品的违法行为，杜绝不达标地膜进入市场。组织开展以《中华人民共和国土壤污染防治法》《农药包装废弃物回收处理管理办法》《农用薄膜管理办法》为标准的执法检查，提高执法检查频率并扩大覆盖面。针对农膜和农药生产者、销售者、使用者未按照规定履行回收处理义务、废旧农膜和农药包装废弃物回收站点未按规定建立回收台账的情况，严格按照《农药包装废弃物回收处理管理办法》有关规定予以处罚。

（五）严格项目资金管理

市级财政预算安排"农资包装废弃物回收处置"补助资金，对县（市、区）废弃物回收予以补助。使用专项资金实行任务管理，由市供销合作社按照"大专项＋任务清单"管理模式，确定任务清单，明确绩效目标。县（市、区）行政主管部门应根据市级下达的任务清单和绩效目标，会同本级财政部门研究制定具体的任务实施方案和资金使用方案，明确资金使用方向和任务完成目标，报市主管部门和财政部门备案并组织实施项目。建立专项资金绩效评价制度。绩效评价工作与农资废弃物回收和处置验收工作合并进行，市供销合作社牵头开展绩效评价工作。绩效评价结果作为分配下一年度专项资金的重要依据。建立专项资金使用惩戒机制。对工作进展缓慢或者财政支出缓慢的，发生重大负面典型或者造成重大不良影响的，按照"收资金不收任务"的方式，由市供销合作社提出收回或调整资金的意见，按程序审批后，由市财政通过财政结算体制收回或调整补助资金。

三、创新点和先进性描述

（一）完善工作机制，落实保障措施

为确保农膜农药包装废弃物回收处置工作顺利开展，市政府专门出台了《合肥市推进农药包装废弃物回收处置体系建设实施方案》。市供销社作为牵头部门，先后联合市农业农村局、市生态环境局出台了《关于加快推进废旧农膜回收利用工作方案的通知》，联合市财政局制定了《合肥市农资包装废弃物回收处置市级专项资金管理办法》。截至 2022 年年底，市本级财政累计安排专项资金 5 226 万元，县区也配套安排财政补助资金近 6 000 万元。

（二）合理规划布局，健全回收体系

充分发挥供销社在农村扎根多年、点多面广的基层组织体系优势，在回收网点建设中，以方便群众交回为原则，依托基层供销社和现有农药经营主体等组织，合理布局回收网点。截至 2022 年年底，全市已建立农药包装废弃物镇村回收网点 958 个，覆盖了所有乡镇，形成了重点行政村有回收网点、乡镇有暂存中心、县区有回收主体的体系布局，形成了"回收网点—回收主体—无害化处置"的回收处理路径。

（三）强化制度管理，规范运行操作

在推进农膜农药包装废弃物回收处置工作中，我市制定了一整套管理制度，如"两制度、一公告、一流程"（农药瓶包装废弃物回收制度、农膜回收制度、价格公告和农药包装废弃物回收流程），以及台账制度、信息报送制度等，以确保专项资金

发挥最大效益，同时指导各地做到"场地规范、台账规范、打包规范"，防止在处置过程中发生二次污染。

（四）加强舆论宣传，营造浓厚氛围

我市通过召开专题会议、悬挂横幅和标识牌、张贴回收公告等不同形式，广泛宣传农药包装废弃物乱扔乱弃的危害性和予以安全处置的重要性，进一步提升群众的知晓率和认可度，引导群众树立生态环保意识；通过采用有偿回收等奖励政策，鼓励农民和种植大户等积极参与废弃物回收，营造了共创农村美好人居环境的良好氛围。

四、取得的成果

从 2019 年至今，全市累计回收农药包装废弃物 3.6 亿个，无害化处置 4 719.02 吨；回收不可再生利用的废旧地膜 2 193.05 吨，无害化处置 1 566.84 吨。其中，2022 年回收农药包装废弃物 11 886 万个，无害化处置 1 898.95 吨，回收不可再生利用的废旧地膜 769 吨，无害化处置 785.44 吨（含前一年回收未处理的部分），当年回收率达到了 82%，当年回收处置率达到了 90%。

市供销社作为牵头部门，在推进全市废弃物回收处置体系建设中做了大量工作，取得了较好成效，受到了党委政府、上级社和地方群众的认可及肯定。人民网、《中华合作时报》《安徽日报》等主流媒体进行了多次积极宣传报道。2021 年省委农办通报表扬了农村人居环境整治三年行动贡献突出的集体和个人中，合肥市供销社作为本市唯一一家供销社，获得了"贡献突出奖"。

五、适应性和持续性分析

树立绿色发展理念，引导农民、企业及社会力量广泛投入，建立灵活有序的回收利用市场体系和科学有效的回收机制，提升全市废弃物资源化利用水平。计划到2023 年年底，实现全市所有县级收储中心、涉农乡镇暂存中心全覆盖，涉农村级回收网点覆盖率达到 65% 以上（其中环巢湖一级保护区内涉农村级回收网点全覆盖），回收处理体系更趋完善。废旧农膜、农药包装废弃物回收率分别达 83%、81%，其

中一级保护区废旧农膜、农药包装废弃物回收率分别达 84%、85%；全市废弃物回收率、处置率明显提升，面源污染得到有效控制。

六、外部政策经营环境分析

加强农村人居环境整治和巢湖流域农业面源污染治理，是贯彻落实中央和省市有关决策部署的具体行动。农业包装废弃物回收处置工作是我市人居环境整治、解决巢湖流域农业面源污染和建设美丽乡村的重要环节。2018 年和 2019 年相关政策明确要求加强农村污染治理和生态环境保护，推进地膜等农业废弃物资源化利用。《安徽省"十三五"环境保护规划》提出统一规划农资包装废弃物回收处理等生态环境保护项目建设，带动农村环境综合整治和农村环境保护制度体系建立。中共安徽省委办公厅、安徽省人民政府办公厅印发了《安徽省农村人居环境整治三年行动实施方案》（皖办发〔2018〕26 号）的通知，要求统筹实施农业生产废弃物的利用与处理，开展农膜科学使用和残膜回收利用工作，有效回收处置农药、农膜等包装物。为此，合肥市出台了《合肥市推进农药包装废弃物回收处置体系建设实施方案》等文件，要求在全市范围内开展农资（农药、地膜）废弃物回收处置工作，助力农村人居环境整治和农业面源污染治理。

七、相关政策与建议

现农废回收处置实施方案中，农废回收处置政府有偿奖补的主要对象是农户，其次是回收中心（点）和归集企业。根据《农药条例》第三十七条"农药经营者应当回收农药废弃物"和《安徽省农药包装废弃物回收处理管理工作意见的通知》，农药经营者应当积极履行回收农药废弃物的义务。因此改变原先的奖补对象将有法可依，将农废回收处置奖补到销售端，让销售端将销售出去的被农户使用后的农药瓶袋进行回收更具可追溯性，也消除了对外源性农废输入本市进行监管这一难点，提高了本地财政资金的利用率。

单位简介

　　安徽省供销合作社联合社是全省供销合作社的联合组织，设有理事会、监事会。省社机关内设处室 8 个，下辖 2 个直属事业单位和省供销集团，省供销集团管理的全资和控股子公司 8 家。2022 年，全省系统实现销售总额 4 456.15 亿元、利润总额 28.62 亿元、资产总额 607.24 亿元、所有者权益 227.13 亿元，在全国总社综合业绩考核中，荣获省级优胜单位一等奖，持续稳居全国第一方阵，为现代化美好安徽建设作出了积极贡献。

　　合肥市供销合作社联合社以"为农服务"的办社宗旨，下辖全资或控股企业 19 家。主要职责包括牵头全市再生资源回收利用体系建设，负责管理再生资源回收行业；牵头全市农药包装废弃物回收处置体系建设，助力美好乡村建设和城市绿色发展等。近年来，合肥市供销合作社联合社在实施乡村振兴战略中积极作为，为农服务能力进一步提升，为农服务基础进一步夯实，为全市农村合作经济发展做出了积极贡献。

浅谈农膜回收利用做法体会与建议

重庆市供销合作总社二级调研员　高仁伟

地膜覆盖栽培具有提高土壤温度、保持土壤水分、除草、防止害虫侵袭、促进农作物生长等功能，是我国农业稳产高产的功臣之一。但大量残留在土壤中的农膜难以降解，易对土壤造成污染和损害，形成大面积白色污染，影响农业的可持续发展。减少农业农村白色污染，促进农业绿色发展是当前的工作重点。

2018年以来，重庆市委、市政府在推进污染防治攻坚战和农村人居环境整治等工作中，赋予重庆市供销合作总社牵头负责全市废弃农膜回收利用的职责。全市供销合作社系统始终深入践行"绿水青山就是金山银山"的理念，认真贯彻落实市委、市政府生态文明建设有关决策部署。在相关部门大力配合支持下，充分发挥供销合作社服务农业农村优势，通过建立健全组织推进工作机制，争取政策资金支持和制度建设，以目标任务为导向，压实市、区县、乡镇、村社责任，狠抓重点工作和关键环节，加强回收利用全过程监管和考核，持续加大宣传力度等措施，圆满完成了各年度目标任务，取得了较好成效，为将重庆建设成山清水秀美丽之地贡献了力量。

一、农膜回收利用主要做法

（一）建立健全工作机制

一是建立组织推进工作机制。市、区县供销合作社成立了主要领导任组长、分管领导任副组长、相关处（科）室负责人任成员的废弃农膜回收利用领导小组。领导小组办公室设在供销合作社经济发展处（科），负责农膜回收利用日常工作。二是建立市级财政资金保障机制。市财政局把农膜回收利用资金保障纳入市级重点项目预算中，提供政府购买服务，使用以奖代补助方式支持农膜回收利用工作。农膜回收补助标准为 2 500 元 / 吨；肥料包装物回收补助标准为 1 000 元 / 吨；废弃农膜、肥料包装物再利用加工补助标准为 500 元 / 吨；对渝东北、渝东南地区脱贫区县无加工企业的运距补助标准为 200 元 / 吨；对加厚和全生物降解地膜推广示范区县完成目标任务的补助标准为 10 万元 / 年。三是建立督导监管机制。严格按职责分工，市级部门抓总、抓督查，区县负主责、具体抓落实，市级牵头部门每年对不低于 30% 的区县开展指导督查。四是建立回收利用实施主体进退机制。农膜回收利用实施主体由各区县供销合作社会同当地财政部等部门，按照回收、加工企业准入条件要求，以公开、公平、公正竞争的形式确定实施主体，并与回收、加工企业签订协议，约定责任和义务，并报市供销合作社备案。五是建立第三方验收评估机制。由市供销合作社委托第三方中介机构对各区县废弃农膜回收利用完成情况开展专项审计验收评估工作，验收评估合格后兑现财政资金补助。六是建立工作调度机制。坚持年初部署工作、月调度进度、半年通报、年终总结（见图 1）。

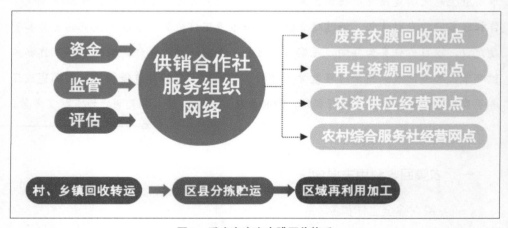

图 1　重庆市废弃农膜回收体系

（二）出台系列文件

一是积极争取市政府支持，以市政府办公厅名义率先在全国出台了《重庆市废弃农膜回收利用管理办法（试行）》，明确了农膜回收由市级牵头，配合的部门以及区县政府职能职责，农膜回收利用遵循的原则和回收范围，回收网络建设和回收模式，财政资金支持和优惠政策、监督管理等。二是市供销合作社会同市财政局印发了《重庆市市级废弃农膜回收利用资金管理办法》，明确了市供销合作社和市财政局职责，专项资金支持范围、分配方式，资金监管和绩效评价方法等。三是市供销合作社印发了《重庆市废弃农膜回收利用管理制度》，细化了村（社区）乡镇回收网点废弃农膜收购制度、回收加工企业废弃农膜交易结算制度、废弃农膜回收加工企业内部管理制度等。

（三）狠抓重点工作任务落地落实

一是摸清全市农膜最低用量。为掌握农膜使用与回收的真实情况，市供销合作社连续三年会同市农业农村委、市生态环境局印发《开展农膜使用量调查工作的通知》，要求区县供销合作社以村为单位建立健全农膜使用台账，以便动态掌握全市农膜使用情况，并将其当作下一年度目标任务主要依据。二是加快回收利用网络体系建设。按照"村、乡镇回收转运—区县集中分拣贮运—区域性加工处置"网络体系模式，建成村级回收网点 6 103 个、场镇回收网点 1 140 个、区县分拣贮运中心 40 个，实现了回收网点覆盖全市所有涉农乡镇和 75% 的涉农村（社区），其中重庆主城中心城区村级回收网点覆盖 100% 涉农村（社区），19 家加工企业承担全市废弃农膜肥料包装物再利用加工任务。三是持续开展加厚和全生物降解地膜推广示范。2019 年以来，在全市 295 个乡镇采取无偿发放加厚和全生物降解地膜 118吨，开展推广示范面积达到 30 000 余亩，实现了涉农区县全覆盖。四是加强监督管理。要求回收网点收购废弃农膜肥料包装物必须开收据、建立台账，回收企业与网点和利用加工企业交易结算必须是银行转账，建立健全财务账、实物账，做到账实相符、账账相符，交易结算数据能溯源。建立全市农膜回收利用综合管理平台，形成线上线下融合监管。开通市、区县农膜回收咨询投诉电话，自觉接受社会监督。五是加大宣传和培训力度。市供销合作社印制农膜回收宣传单 110 万份，组织区县供销合作社进村入户宣传，春耕期间与重庆电视台合作，利用新闻联播时间宣传报道废弃农膜回收利用目标任务和相关政策支持。在重庆日报、华龙网、新华社、人民网等媒体宣传全市开展废弃农膜回收利用做法及取得的成效。以会代训，先后召开废弃农膜回收利用全市性培训、调度会 6 次、现场会 1 次、片区推进会 6 次（见图 2）。

图 2　重庆市梁平区供销合作社废弃农膜回收宣传活动现场

（四）市级部门配合协作推进工作

市生态环境局把废弃农膜回收利用工作纳入污染防治攻坚战重点工程。市发展改革委、市生态环境局把废弃农膜回收利用纳入全市塑料污染治理市级联合专项行动强力督查督办。市农业农村委把非标农用薄膜纳入农资打假重要内容，对农用薄膜市场开展专项整治，依法严厉打击非标农用薄膜的生产、销售和使用行为。在全市 20 个区县设 200 个地膜残留监测点，建立市级农膜残留监测网，对玉米、烟叶、西瓜及草莓等 6 种覆膜作物地膜的使用、回收、残留进行监测，并对农户地膜使用回收情况开展了调查，形成了《重庆市 2021 年农田地膜残留监测报告》，为全市农膜污染治理工作提供了技术支撑。市乡村振兴局按照国家《农村人居环境整治提升五年行动方案（2021—2025 年）》要求，把废弃农膜回收利用工作作为全市农村人居环境整治提升考核的重要内容。

（五）取得的主要成效

一是通过深入实施农膜回收行动，推动了全市将废弃农膜、肥料包装物变废为宝、变害为利、变弃为用，减少了废弃农膜对土壤、水源、大气造成的污染，对有效治理农村生产生活环境和农业面源污染，改善重庆市农业生产生态环境，引领农业农村走资源节约、循环利用、环境友好、生态文明的良性发展道路起到了积极促进作用。二是全市农膜回收率逐年提升。2018 年以来，全市回收废弃农膜、肥料包装物近 5 万吨，并将其加工成再生塑料颗粒 2 万余吨。2019 年、2020 年、2021 年农膜回收率分别达到 72.3%、87.7%、89.3%（见图 3）。三是得到了国家有关部委肯定。重庆市废弃农膜回收工作得到了全国供销合作总社领导的肯定性批示。农膜回收体系模式被写入国家"无废城市"试点建设案例并在全国复制推广。生态环境部和农业农村部以信息简报的形式介绍了重庆市废弃农膜回收利用工作，并且相关人员在农业农村部全国农膜回收行动推进会和全国供销合作社系统服务农村人居环境

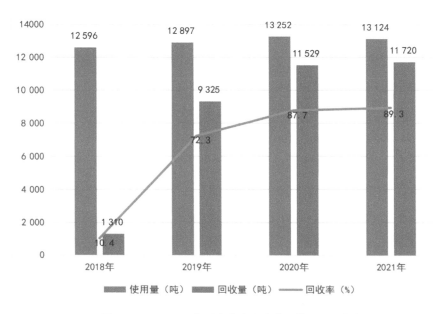

图 3　2018—2021 年重庆市废弃农膜回收利用一览表

整治培训会上进行了交流。2021年，《经济日报》以《山城降"膜"记—重庆市废弃农膜回收与利用调查》为题，对重庆市积极探索废弃农膜回收利用工作经验进行了深度报道。央视的《朝闻天下》节目对重庆市构建农膜回收网络体系建设有利于农户交售废弃农膜进行了报道。

（六）存在的主要问题

一是源头防控意识有待加强。国家规定从2018年5月1日起，农用地膜厚度标准不得小于0.01毫米，目前农膜销售市场仍有不符合标准厚度的地膜销售，也存在农膜包装标识厚度与实际厚度不相符的现象。对农民而言，地膜越薄生产成本越低，因此部分农民在作物地膜覆盖上仍选择使用标准厚度以下的地膜，导致超薄地膜不到捡拾期就破碎，人工捡拾十分困难。二是环保法律意识有待增强。《国家土壤污染防治法》规定，农膜生产者、销售者和使用者应当及时回收农用薄膜。农业农村部等四部门公布的《农用薄膜管理办法》规定，农膜使用者应当在使用期限前捡拾田间的非全生物降解农用薄膜废弃物。从目前来看，部分农膜生产者、销售者和使用者的法律意识还比较淡薄，对残留农膜对土壤的危害认识不够，回收农膜的法律意识还没有牢固树立，尚未养成捡拾交售废弃农膜的良好习惯。三是重庆市农膜回收成本费用高。重庆地处大山区、大库区，农膜使用体量不大，规模化农业生产用膜量不多，单个农户农作物种植使用量小。地膜主要用于烤烟种植、育秧育苗和一些经济作物的种植。地膜的回收无法机械化作业，全靠手工捡拾且运输半径远，有的区县从村镇到区县城区运距达100多公里，交加工处置企业运距近400公里，加上废农膜价值低、不值钱，严重制约了农民交售废弃农膜的积极性。四是废弃农膜再利用加工企业规模小，内部管理不够规范。目前，全市向市供销合作社备案的19家加工企业分布在12个区县，多数企业属于"作坊式"加工，年加工能力在1000吨以上的只有8家，企业配备的专职财务人员少，多数企业在账务处理方面采取代账方式。五是全生物降解地膜运用推广难度大。重庆市推广全生物降解地膜模式以来，农民和各类农业经营主体对使用全生物降解地膜认知度有所提高。由于全生物降解地膜价格是普通地膜的2倍以上，农业生产者无法接受使用全生物降解地膜的高昂种植成本，导致主动使用全生物降解地膜的农业生产者少之又少（见图 4）。

图 4　重庆市南川区全生物降解地膜推广示范基地

二、农膜回收利用体会

（一）农膜回收利用必须坚持政府引导市场运作原则

农膜回收利用是生态文明建设、农业农村污染防治攻坚战和促进农业绿色发展的重要举措之一，从田间地头捡拾到再利用，加工环节多、链条长、劳动力成本高，若全靠企业市场化运作，无利润空间，企业只回收利用价值较高的农用棚膜，而不愿回收利用价值极低的农用地膜，农膜回收无法取得实实在在的效果。只有各级政府建立强有力的资金引导政策，并坚持公益性与经营性结合，才能实现生态、经济、社会效益共赢。

（二）压实各级政府部门责任是完成农膜回收利用目标任务的根本保障

各级政府有关部门要严格遵守《国家土壤污染防治法》《国家固体废物污染环境防治法》《国家乡村振兴促进法》等有关农业生产投入品废弃物资源化利用法律规

定，强化宣传培训，完善地方法规制度，加大覆膜技术指导力度，引导农民适度减少覆膜面积，增强农民识别国家标准地膜能力，推广加厚地膜、一膜多用、适时揭膜技术，鼓励农业生产者使用全生物降解地膜，从源头控制和减少污染。各级政府部门间要相互配合、齐抓共管、各司其职，市级部门重点抓规划、抓督查、抓考核，区县政府部门重点抓各项具体任务的落地落实，强化对乡镇考核。

（三）农膜回收必须实行全过程闭环管理

农膜回收必须坚持开收据、建立台账，填写内容要全，标明交售人姓名、地址、品名、回收价格、联系电话等，防止超范围回收。回收废农膜时要分类堆放、及时转运、分拣、打包交售加工企业，防止二次污染。严格执行回收企业与回收网点和加工企业交易结算制度，杜绝现金结算，防止弄虚作假。健全回收、加工企业财务账、实物账、日进出库账和档案管理，促进回收利用制度化、规范化管理，确保财政资金安全高效运行。

（四）激励单个农户交售是做好农膜回收工作的关键环节

重庆市农膜回收利用工作开展的近五年来，用膜大户（基地）都能自觉回收并主动交售，单个农户的农膜回收成了全市农膜回收堵点和难点，其主要因素是在农村从事农业生产的农民普遍年龄偏大、文化水平低、环境保护意识不强，尤其对残留农膜对土壤污染危害性的认识不够，加之单个农户用膜量小、废膜价值低，回收农膜费力又费事，导致废弃农膜被随意弃置、掩埋或焚烧。要促使农户主动交售废弃农膜，首先要加大法律法规宣传力度，把农膜回收纳入《乡规民约》，培养农民自觉养成主动交售废弃农膜的良好习惯。其次要为农户交售废农膜提供便利条件，进一步健全回收网络，回收网点向村级下沉，以便农民不出村就能交售。与此同时，还要采取电话预约、组织专人上门服务等回收方式。此外，回收企业要主动承担社会责任让利于农民，设定最低保护收购价格，从而提高农民回收捡拾的积极性。

三、有关建议

自重庆市推广使用全生物降解地膜以来，农业生产者普遍反映全生物降解地膜的使用效果与普通地膜的使用效果基本一致。核心问题是农业生产者无法接受全生物降解地膜的高昂价格，导致难以提高全生物降解地膜的使用率。因此建议相关部门给予使用全生物降解地膜的农业生产者一定的补助。当使用全生物降解地膜生产成本费用与普通地膜成本持平时，农业生产者会主动选择使用全生物降解地膜，这将有利于从源头上减少农业面源污染。

作者简介

高仁伟，男，1965 年 10 月出生，中共党员，大专文化，1985 年 10 月入伍，2005 年 9 月转业，现任重庆市供销合作总社经济发展处二级调研员。

废旧农膜回收处理的中再生徐州公司模式

中再生徐州资源再生开发有限公司　宋国平、黄雪凤

近年来，我国资源综合利用行业正向高附加值方向发展，发展势头和应用前景良好。国家鼓励提升资源综合利用水平，加强农业废弃物综合利用。"十四五"规划中明确提出"全面推行循环经济理念，构建多层次资源高效循环利用体系"。农业废弃物资源综合利用产业一头连着可再生资源，一头连着农业生产和农村生活环境，是推动经济社会与资源环境协同发展的重要环节，是循环经济发展的重点。加快构建覆盖广大农村的资源循环利用体系是推动绿色发展的客观要求。资源综合利用行业采用高效、环保的先进技术，对农业废弃物资源综合利用，既可以缓解资源匮乏问题，又可以解决农业环境污染问题，所以说该行业是发展循环经济的重要载体和有效支撑，也是战略性新兴产业的重要组成部分。

一、农膜使用情况及危害

（一）农膜使用情况

地膜覆盖和大棚种植技术是我国农业生产中广泛推广的农艺技术之一。地膜覆盖技术可起到增温、保墒、除草、有效提高农作物产量的效果，稳定提高20%—30%的粮食单产量。大棚有较好的保温、增温效果，不但能增加蔬菜产量而且可实现蔬菜的反季节种植。在我国，随着近些年经济农作物种植比例不断提高，农地膜技术使用范围广、总用量较大。据统计，截至 2020 年，全国农地膜覆盖面积约为 1 900 万公顷，农地膜使用量达到 250 万吨左右。

（二）残留农膜的危害

散落在自然环境中的废旧塑料地膜进入自然环境后难以降解，目前使用的聚乙烯材料地膜埋在土壤中 200 年都不会降解。我国地膜使用量由 1994 年的 42.63 万吨增加到 2020 年的 238.9 万吨，年均增长 7.27%，覆盖耕地面积 66 万公顷以上，但薄膜回收率大约为 60%，导致薄膜残留现象十分严重，残留地膜会影响土壤的吸湿性，阻碍农田土壤水分的运动，同时会严重抑制农作物生长发育。

据专家分析，残留地膜的危害主要表现在以下几个方面：一是破坏土壤结构，影响耕地质量和土壤的透气性、透水性等；二是影响作物的出苗，造成作物减产。有研究表明：连续种植地膜玉米 15 年以上的田块，每亩残膜留量最高达 25.6 千克，最低达 13.8 千克，平均每亩残膜留量为 15.5 千克。地膜污染造成的经济损失是惊人的，一亩地土壤含残膜达 3.9 千克时，将导致各种农作物减产 11%—23%；三是影响农作物对水分、养分的吸收，超薄型地膜的大量使用更加剧了对耕地土壤结构的侵害，农作物在出苗期易出现苗黄、苗弱甚至死亡的现象；四是对牲畜有害，牲畜吃了带有地膜的饲料后，会引起消化道疾病，甚至死亡；五是造成化学污染。

农膜残留于土壤中，会造成土壤透水性减弱，从而引起土壤次生盐碱化（见图 1）。导致土壤水肥移运不畅，影响作物正常生长。

图 1　残留的农地膜造成的土壤盐碱化

附在地表的农膜会随风飘散，因此会严重影响农村人居环境（见图 2）。若管理不当，会造成畜类误食，造成经济损失。

图 2 飘散的农地膜

农膜经随意焚烧后会释放大量有毒有害的物质，不但污染大气而且可能危及人身健康（见图 3）。

图 3 焚烧的农地膜

由于超薄地膜的泛滥、农村劳动力流失、缺乏适用的回收机械，残留在土地里的地膜越来越多，慢慢形成了白色污染，严重影响着我国农业的可持续发展。但是，农民使用地膜的习惯已经很难更改，我国地膜每年用量达上百万吨，而且还在以每年15%的速度增加。目前，大多数农民已经认识到残留地膜的危害，开始清除地膜，但处理方法比较简单，除了焚烧和填埋外，很少集中回收再利用。由于缺乏长效机制，加之地膜使用量大、污染面广，仍有大量的地膜残留在土地中，直接威胁着农业的可持续发展。

二、项目情况

（一）企业基本情况

中再生徐州资源再生开发有限公司（见图 4）为中国再生资源开发有限公司控股子公司，成立于 2012 年 12 月 11 日，注册资金为 1 000 万元。公司现有生产车间 3 万平方米，工艺设备先进，拥有 6 条塑料破碎清洗加工生产线，12 条再生颗粒加工生产线，已形成年处理废塑料 10 万吨的生产规模。2021 年销售收入达 19.91 亿元，税收 2.70 亿元，连续多年为地方经济作出贡献。产品质量稳定，销售网络健全，设有专业化产品检验室，拥有 6 项发明专利及实用新型专利；拥有高效的管理团队及成熟的管理模式，现有 180 名员工，其中有 30 多位管理人员和技术人员。

中再生徐州公司为华东地区最大的综合性再生资源回收加工企业，主要业务涵盖 PET、PE、PP、ABS 等多种塑料的回收加工再利用；拥有成熟的研发管理团队，拥有多个发明专利，在行业内属于领先地位。

图 4　中再生徐州资源再生开发有限公司

（二）项目背景

江苏农膜使用量处于全国中等水平，农用塑料薄膜年均使用量约为 12 万吨，其中地膜年使用量约为 4.3 万吨,使用中呈现"两多一少"的特点——地膜覆盖作物种类多,涉及番茄、辣椒、花生、玉米等 50 多种作物;地膜应用茬口多,地膜覆盖技术应用几乎贯穿全年农业生产,包括露地蔬菜、花生及设施蔬菜秋延后、冬春、越冬等间套种茬口;地膜覆盖规模化面积少,土地资源紧缺、小农户占比较大导致农膜回收无法实现机械化、需要人工捡拾,这给农膜回收工作增加了不少难度。

徐州市农业人口为 312.19 万人,占总人口的 34%,农用地为 1 244.97 万亩,占土地总面积的 74.5%,全市覆膜面积约为 202.21 万亩,睢宁、铜山、丰县、沛县都是农业大县农业基础好、废农膜资源总量丰富(见图 5 至图 7)。同时徐州地区距离山东临沂、济宁、泰安等传统农业区较近,辐射带动作用明显。

图 5　沛县蔬菜基地

图 6　徐州铜山区国家农村农业融合发展示范园

图 7　丰县现代农业产业示范园

（三）项目运行情况——以睢宁县为例

睢宁县土地面积为 157.98 万亩，农业人口有 60 万人，覆膜面积为 7 万余亩，全年大棚膜、地膜、滴灌带使用量为 1 600 吨，其中大棚膜约为 1 300 吨。因回收难、成本高、效益低等，只能回收少部分有经济价值的大棚膜，地膜类废弃物回收率几乎为零。近几年，农膜废弃物的堆积已明显影响农村土质，对农作物种植存在严重威胁。

2020 年，政府为优化农村环境治理，积极推动建立健全农膜回收利用体系的工作。徐州公司作为当地最大的再生资源利用企业，全过程参与并配合此项工作。本项目以国家、地方和供销总社关于农业废弃物处理和资源化利用政策为导向，以实现以徐州睢宁县为中心，辐射铜山区、丰县、沛县、邳州、淮安、连云港、泗县等地区农业废弃物资源化综合利用为目标，依托徐州农业农村局为农服务政策和资源优势，利用现有回收网点及转运站回收废旧农膜等农业废弃物，建造农业废弃物分拣、清洗、造粒中心，建设徐州地区农业废弃物处理与资源化综合利用网络体系，并以此为基础形成可盈利、可复制、可推广的模式。

1. 政府建回收站点

睢宁县农业农村局对全县地膜使用情况进行了全面摸底调查，全面掌握了睢宁县地膜覆盖面积、种植种类、使用地膜量、规格等基本情况，从而为废旧农膜回收利用方案的制定提供了真实可靠的数据支撑。睢宁县农业农村局在对全县 18 个镇（街道）的 400 个行政村进行农膜使用及废旧农膜回收利用情况进行调查核实统计的同时，对全县设立的 15 个原位监测点（每个点取样 5 个，计 75 个）进行原位监测，及时开展地膜残留量调查，调查涵盖主要覆膜作物和不同覆膜年限区段的典型地块。上海蔬菜外延基地、绿色农产品生产基地、西瓜和大蒜种植基地等农膜使用重点区域都建立了临时回收点。18 个镇（街道）依托"11841"经营体系，由镇（街道）农业公司按照有固定防渗场地、有统一标牌、有专人负责、有废膜储有量、有规范台账、有安全设施的"六有"标准建立废旧农膜回收站（见图 8）。全县 400 个行政村全部设立了废旧农膜回收点。

图 8 睢宁县农业农村局在乡镇设立的农膜回收站点

2. 公司进行回收加工

中再生徐州公司从事塑料回收行业多年，生产技术成熟，并积累了一定的客户资源，通过近两年的农地膜处置试点，积累了丰富的生产及管理的经验。徐州及周边地区目前没有中大型回收加工农地膜的企业，主要以个体作坊为主回收加工农地膜等，农地膜的规模化加工利用量比较少，本项目建成后在地方将占有一定的市场优势。

中再生徐州公司作为县级废旧农膜回收加工利用中心，于 2020 年在县农业农村局支持下，率先开展了农地膜回收试点工作。据统计，全县地膜（大棚裙膜、废旧塑料育秧盘、废旧滴管软管）使用总量为 245.28 吨，中再生徐州公司 2020 年实现了全覆盖回收，回收地膜 232.51 吨，回收率达 94.79%（见图 9）。2021 年全县回收利用废旧地膜 301.86 吨，回收率达 95%。在试点回收的基础上，公司还全量收购各回收点送交的废旧农膜进行加工，并进行资源化利用。项目生产的再生颗粒市场用途广泛、需求量大，既可对外直接销售，也可对徐州公司现有业务进行货源补充，内部消化，与徐州公司现有塑料业务形成了互补。

图 9　中再生徐州公司试点期间回收的农地膜

经过对经营模式一年的摸索，2021—2022 年，中再生徐州公司连续两年与睢宁县农业农村局签订了《睢宁县废旧农膜回收利用协议书》，协议中明确了回收处置费用标准与支付周期，睢宁县农膜回收处置试点工作渐入规范化、批量化、集中化。

（四）项目未来计划

苏北、安徽、山东等地农业发达，大棚膜市场资源丰富，且江苏环保政策收紧，在新的税收政策下将进一步打击小规模且不正规的个体户及企业。大棚膜的市场竞争减弱将大大增加徐州公司的回收优势。同时最新政策将农膜纳入了 100% 退税范畴，这进一步增加了该类产品的利润空间。

中再生徐州公司将依托股东中国再生资源开发有限公司全国网点布局，在全国范围内继续投资建设农业废弃物回收处置项目。未来三年，拟计划逐步在徐州、洛阳、内江等基地建设农业废弃物处理与资源化综合利用项目，目前已对洛阳、内江做了前期调研，着重考虑当地原料资源和政策优势，因地制宜地进行项目建设。根据各地废农膜生成量和中再生公司塑料业务布局，在以徐州农地膜项目为业务突破口并顺利完成运营实现效益后，拟于 2024—2025 年在河南洛阳、四川内江推广该模式。

三、项目经验

本项目立足于行业和区域发展实际，以改善农村生态环境和最有效地利用农业废弃物为目标，采用行业先进技术，促进产业结构向科技含量高、经济效益好的方向转型，引导区域经济建设从依靠增加投入转到追求科技进步、以效益为中心的集约发展的轨道上来，有利于推动科技创新和企业技术创新，提升产业结构层次和经济运行质量，实现更大范围和更高效率的资源循环利用，发展循环经济，加强资源综合利用。通过开发利用农业废弃物再生资源、延伸产业链，创造新的经济增长点；发挥当地人力资源优势，增加就业岗位，为当地群众增加收入，为企业增加经济效益；以尽可能少的资源消耗和环境成本，获得尽可能多的经济和社会效益，推动农业废弃物资源的综合利用，促进资源永续利用，实现经济建设和农业生态环境保护协调发展，贯彻落实节约资源和保护环境的基本政策，增强农村可持续发展能力。

随着农村经济的不断发展，农膜使用量不断增加，应重视地膜残留污染防治工作。这需要进一步加强各级财政政策支持，以及加强相关科技研究。在此基础上，提出以下四方面建议。

一是加强宣传引导，使广大人民群众尤其是农民和回收利用企业充分认识地膜残留的危害和带来的损失。

二是加强对农田地膜残留污染的监控和防治，摸清底数、制定规划、分级防治。

三是强化科技支撑，重视成果应用。将地膜污染防治列入科技重点支持项目，依托大专院校和科研院所，对残膜资源化利用、可降解地膜、机械回收等关键问题加强科研攻关，同时加快科技成果的应用转化。

四是建立扶持政策，完善长效机制。针对使用、回收、再利用等环节，对农民、企业等主体给予补助和扶持，引导其可持续发展。

作者简介

第一作者：宋国平，男，中共党员，中再生徐州资源再生开发有限公司党支部书记、总经理，睢宁县再生资源协会会长，睢宁县第十八届人大代表，第十三届、十四届、十五届政协委员。

通信作者：黄雪凤，女，1990 年生人，就职于中再生徐州资源再生开发有限公司。

探索完善农膜综合治理新模式
助力改善乡村人居环境和粮食增产增收

中农集团通用化工有限公司　叶利锋

农膜又称为农用塑料薄膜，包括地膜、棚膜，主要用于覆盖农田，起到提升地温、保证土壤湿度、促进种子发芽和幼苗快速增长的作用，还有抑制杂草生长的作用。农膜由石油或者煤炭下游制品聚乙烯吹制而成，在自然环境中极不易降解。有研究表明，农膜等塑料制品在自然环境中，需要上百年才能降解。而农膜作为第四大农业生产资料，在农产品增产增收方面发挥了非常重要的作用，随着农产品生产量急速增长，农膜的使用量也在逐年快速增长。

由于之前缺乏对农膜的科学使用、回收利用等方面的重视，以及对农膜行业野蛮式发展缺乏监管，近些年来废旧农膜（主要是地膜）污染问题日益突出，严重影响了农田土壤的粮食生产安全，继而威胁着国家总体的粮食安全，因此针对废旧农膜污染的治理已经迫在眉睫。

一、全国地膜使用情况

（1）**超薄劣质地膜难以回收，严重污染土壤，并且影响农村人居环境，危害巨大。**

目前地膜国标厚度是 0.01 毫米，按照近些年来**机械回收**的结果来看，对符合国标厚度地膜的回收工作依然存在困难，**人工捡拾**成本非常高，况且目前依然有很多低于国标的超薄地膜存在，这也使回收工作难度大幅增加，很难对地膜进行回收再利用。未被回收的废膜融入土壤后会严重阻碍土壤水肥流通，影响种子发芽以及后续生长发育，导致作物减产甚至绝收，从而对土壤安全、粮食安全造成巨大危害。

据国家农业相关部门统计，地膜经过 40 多年不当的推广使用，我国农田废旧地膜平均残留量约为 6 千克 / 亩，新疆尤为严重，平均达 20 千克 / 亩，个别严重地方甚至高达 30 千克 / 亩以上，相当于一亩地覆盖 6 层地膜，严重影响了农作物的生长发育。

同时裸露在地表的废旧地膜也会随着秋冬季节的大风四处飘扬，挂落在门前屋后及道路两旁，严重影响了农村人居环境，大大降低了农民的居住幸福指数（见图 1）。

图 1　残留地膜影响土壤安全和粮食安全

（2）我国地膜使用量占全球总量比例大，污染问题突出，废旧地膜污染问题亟待彻底解决。

由于地膜的保温保墒、增温除草等作用明显，并且我国地大物博，各地气候情况复杂，特别是北方大部分地区普遍干燥少雨，因此我国大多数地区在农业生产中不得不用地膜。

地膜残留引起的白色污染问题已经严重影响我国土壤安全，进而可能会危害国家的粮食安全，因此废旧地膜污染问题亟待彻底解决。

二、中农通用农膜综合治理新模式探索完善过程

中农集团通用化工有限公司（以下简称"中农通用"）是由原中国农业生产资料集团公司（以下简称"中农集团"）原三大板块之一的农膜部，于 2010 年经改制成立的集团控股子公司，主要从事农膜生产销售、塑料原料的进出口及国产销售业务。中农通用最早于计划经济初期就开始从事农膜行业，是国内最早生产农膜产品的企业之一，也是华北地区农膜生产及塑料原料经营规模最大的企业之一。公司主营产品包括可回收 / 可降解型高标准地膜、转光型 / 散光型高效长寿 PO 涂覆大棚膜、棉花打包专用保护膜、生姜专用调光膜、长效耐腐蚀型土工膜等农膜产品，以及 PE、PP、茂金属等塑料原料，是集高端农膜研发生产、塑料原料进口贸易工贸一体化的企业。公司拥有自己的高端地膜、棚膜专业研发团队，同时拥有一批经验丰富的聚烯烃原料运营团队。目前已经与博禄化工、俄罗斯西布尔、美国陶氏化学、埃克森 - 美孚、日本三菱、日本住友、卡塔尔石化、韩国 LG 化学、伊朗石化、泰国 PPT 等国际知名石化企业以及中煤集团、国家能源集团、内蒙古久泰能源、中天合创化工、盐湖集团等国内主要石化生产商建立了密切稳定的合作关系，也是这些公司的主要农膜一级代理商，享受各大石化厂优先采购权和大客户价，年交易量在 20 万吨以上。公司现有天津、青岛、上海、广州、宁波、大连六个主要进口港口，且均设有仓库，国内业务遍及全国各主要省份，销售区域遍布华北、华东、华南、东北和西北地区。

作为中农集团服务三农农膜板块的主力军，中农通用一直以来都在密切关注农膜污染发展态势。深耕农膜行业多年的中农通用见证了中国农膜行业从无到有的崛起和发展，也深刻体会到废膜污染对国家和社会危害的严重性。中农通用积极响应国家、中华全国供销合作总社（以下简称"供销总社"）、中农集团相关精神要求，

在做好传统主营业务的同时，聚焦为农服务主责主业，依托上游石化资源先进技术优势，致力于探索如何更好地解决农田废旧农膜污染顽疾。

（一）废旧农膜（主要是地膜，下同）污染治理早期探索——"以旧换新"

早在 2014 年，国家农发办、供销总社共同发起了新型农业社会化服务体系建设试点项目，其中有一项非常重要的任务就是借助供销总社在全国庞大的为农服务网络，探索废旧农膜污染治理新路径。作为供销总社旗下为农服务农膜板块的主力军，中农通用在供销总社及中农集团的大力支持下，勇担重任，主动作为，承接了其中废旧农膜污染治理探索的试点工作，试点项目落地在内蒙古赤峰市。

项目伊始，困难重重。彼时废旧农膜污染的严重性并未引人注意，农民对废旧农膜污染治理也缺乏认识，参与积极性不高。同时由于地膜的使用要求不高，行业入门门槛较低，产品质量参差不齐，行业竞争白热化，导致超薄劣质的不合格地膜产品大行其道。加之地膜多在广阔的农村地区被使用，市场监管难度极大，最终导致超薄劣质地膜泛滥成灾。当时国标厚度是 0.008 毫米，超薄地膜厚度普遍仅为 0.005 毫米，甚至部分在 0.004 毫米以下。而且更有不法厂家为了追求利润使用劣质原料。可想而知，超薄劣质地膜产品经使用后根本无从回收，即使花费大量人力物力予以回收后，也基本不具备再利用的价值。因此超薄劣质地膜泛滥成灾、废膜回收成本极高且再利用价值极低、农民环保意识缺乏、优质地膜推广难度极大等是当时面临的重大难题。

面对困境，中农通用针对项目地点的各个村镇进行了深入实地调研。在详尽的调研基础上，中农通用确定了项目总体思路：用以旧换新的方式，回收废旧地膜的同时推广高标准新地膜。使用高标准新地膜后能减轻地膜风化老化程度，从而降低回收难度，降低回收成本。优质的高标准地膜也能增加再加工利用价值，从而推动产业链条形成良性循环，彻底解决废旧地膜污染顽疾。

同时为了让农民更好地理解废旧农膜污染治理的重要性，并尽快参与进来，中农通用聘请了相关专家，不畏各种困苦，广泛开展了各种形式的宣传推广活动：电视宣传、宣传车流动宣传、田间指导、宣传推广会、农技培训会等（见图 2）。

经过一年多的艰辛努力，中农通用基本完成了项目预定任务目标。经过广泛且全方位的宣传，成功地在项目区农民心中播下了废旧农膜治理的种子。即使过了好多年，也有项目区的农民打电话咨询以旧换新事宜。受困于当时地膜行业现状及技术条件，试点项目中也有一些关键性问题未能得到有效解决：**回收机械和清洗再造粒难题。**

图 2　推广讲解中农通用项目

（二）多渠道全方位持续探索农膜污染治理途径

试点项目结束后，中农通用持续探索农膜污染治理途径，在供销总社的领导下，多次参与供销总社组织的农膜治理工作调研活动。其间，中农通用也基于自身探索实践多次向国家发改委、供销总社等提供农膜治理的意见，并参与了供销总社多份农膜治理文件的起草工作。

2020 年 9 月中华全国供销合作总社办公厅《关于坚决杜绝"两薄"塑料制品流通的通知》（供销厅经字〔2020〕35 号）发布。中农通用积极响应，联合阜阳市供销社等单位，于 11 月 3 日在安徽阜阳召开"坚决杜绝'两薄'塑料制品流通农膜治理阜阳行"宣传活动。经过活动宣传，当地群众对科学使用塑料制品有了更深刻的认识，纷纷表示在今后农业生产中要坚决杜绝使用超薄劣质农膜产品。活动取得了圆满的成功（见图 3）。

a

c   d

图 3   中农通用农膜治理宣传活动

（三）在实践中提出全产业链闭环管理的农膜综合治理新模式

中农通用在实践探索中深刻认识到农膜污染治理源头把控的重要性：只有在源头上使用高标准的农膜（主要是地膜），才能在使用后降低回收的难度和成本，同时提高再利用的价值，从而推动全产业链形成闭环。经过多年探索实践总结，中农通用提出了农膜污染治理应该形成从农膜生产—使用—回收—再利用全产业链闭环管理的农膜综合治理新模式（见图4）。

该模式倡导通过生产及使用优质的可回收型高标准农膜。该农膜经使用后易于回收，能大幅降低回收的难度和回收成本。同时优质高标准农膜使回收后的废旧农膜再利用成为可能。加工后的再生原料经过一定技术处理后，可重新用来生产农膜、滴灌带等农资产品，最终形成整个产业链闭环管理、循环流通。在解决废旧农膜污染的同时，可以达到资源最大化综合利用，大幅降低总碳排放水平。同时该模式也倡导在合适的地区使用可降解地膜。宜回收则回收，宜降解则降解。

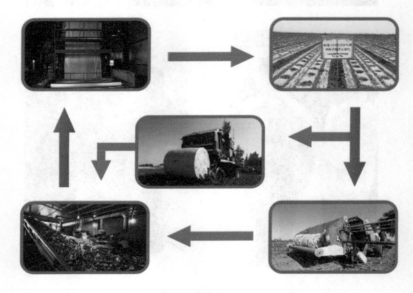

图4　中农通用农资农膜综合治理示意

（四）开展可回收型高标准地膜项目，探索完善农膜综合治理可回收新模式

为了探索落实该农膜综合治理可回收新模式，中农通用整合各方资源，于2021年共同开展了可回收型高标准地膜项目，并在新疆乌苏市、山东淄博市分别建立了棉花和花生可回收型高标准地膜试验示范基地。

目前该项目所有工作均已经完成，试验成果斐然。各项试验数据也经第三方专业机构全程跟踪采集测评后权威发布。报告显示中农通用可回收型高标准地膜的对比组，相比其他普通地膜，增产效果和拾净率（回收率）显著提高，均高达80%以上，部分对比组回收率达90%以上。同时据山东淄博花生基地负责人测算，相比往年，花生增收10%左右，同时废膜也达到了完全回收，由此圆满完成了本次试验设定的各项试验目标；而经回收的废旧地膜经再加工后被生产成滴灌带，并于2022年春耕时节，重新铺设在了棉花地里（见图5）。经过一年的实际使用测试，产品性能优异。至此，中农通用一直在探索的集农膜生产—使用—回收—再利用全产业链闭环管理的农膜综合治理新模式终于实现了完整的闭环。

（五）开展可降解地膜试验示范模式，进一步探索完善农膜综合治理新模式

使用可降解地膜也是解决废旧农膜污染的一条重要解决路径。为了进一步完善农膜综合治理新模式，2022年中农通用开启了农膜综合治理另一模式，即可降解模式的探索。

1. 山东花生、大蒜可降解膜项目

2022年，中农通用联合国内最大的可降解材料生产企业，共同开展了可降解地膜试验示范项目，并在山东临沂市和肥城市建立了花生可降解地膜试验示范基地。同样为了保证试验数据采集，以及后期测评的专业性和公信力，中农通用委托山东省农业大学进行全程跟踪和管理。

2022年9月，在全国各地农作物丰收捷报频传之际，项目地区的花生也喜获丰

图 5　可回收型高标准地膜试验示范基地

收（见图6）。经过山东农业大学专业权威的测评，项目地区花生产量相比使用普通白膜地区的花生产量增长5%以上，花生饱果率也要明显优于普通白膜对比组。同时可降解膜的质量完全符合花生种植前期要求，并且在花生生长发育后期，地膜基本使命完成后，如期出现降解反应，总体降解效果良好，在增产增收的同时，杜绝了后期废旧地膜对土地的污染，降低了农民后期处理废旧地膜污染的成本。本次试验圆满地完成了项目预定任务，赢得了项目区农民的认可，为后期大面积推广中农可降解地膜奠定了坚实的基础。

图6　山东基地农作物生长情况

　　同时，为了充分利用冬季作物轮作时节，中农通用于 2022 年 10 月份在山东大蒜主产地莱芜市开展了冬季大蒜可降解地膜试验示范项目，从而更全面地考察可降解膜产品全季节的综合性能表现，为后续完善推广农膜综合治理全模式奠定坚实的理论和实践基础（见图 7）。目前项目已经顺利完成各项预定目标。因 2023 年遭遇极端寒冷天气，大蒜产量未与往年进行比较。但是对比同年受试对比组，中农通用可降解膜各项数据表现良好，符合大蒜种植需求，并按照预期发生降解。

图 7　莱芜市冬季大蒜可降解地膜试验示范项目

2. 可降解膜旱直播水稻管理技术助力京西稻传承

　　北京京西稻是我国著名农产品，不但品种优良，而且种植历史悠久，极富浓厚的历史文化传承气息，曾在北京郊区被广泛种植，为当时北京的发展做出了非常大的贡献，也成了许多北京人的重要时代记忆。但是近年来，受北京地区干旱少雨的影响，京西稻种植一度出现大幅萎缩，京西稻种植传承也面临非常大的压力。

　　2022 年中农通用联合北京大道农业有限公司，共同开展了京西稻可降解膜旱直播水稻管理技术的试验示范项目，并在北京海淀区上庄镇建立了试验示范基地（见图 8）。该技术使用中农通用可降解膜以后，可以直接在稻田内播种水稻种子，而不再需要传统的育秧、水田整地、插秧等环节，简化了种植流程，节约了种植过程中的人力物力，并且通过膜内预设的滴灌管可以实现根据水稻生长发育周期精准浇灌的目标。相比传统水稻种植过程需多次大水灌溉，该技术可以大幅节约水资源。据大道农业负责人初步测算，相比传统种植，可降解膜旱直播水稻管理技术至少可以节约 50% 的水。

同时可降解膜在水稻生长后期，可以自然降解。稻田收割后，无须人为对废膜进行后续处理，在实现大幅节水和增产增收的同时，避免了废旧农膜对土壤造成伤害。

图 8　京西稻可降解膜旱直播水稻管理技术的试验示范项目

三、农膜综合治理新模式评价分析

结合近年来的探索情况，我们发现与传统废旧农膜治理模式相比，农膜综合治理新模式有其独特的创新性和先进性。

（一）在"输血中"形成"自我造血"

在传统废旧农膜污染治理模式中，国家政策补贴大多主要针对回收及再利用环节。比如，回收设施设备的建设，回收网络的建设，再生加工企业厂房、设备建设，以及直接高价补贴回收废旧地膜。这种模式有非常明显的弊端。首先，农民拿到高价的废膜回收款后，由于缺乏源头管控，受利益驱使，依然会购买相对低廉的超薄劣质地膜，这也直接导致了近些年来超薄劣质地膜屡禁不止的尴尬局面。超薄劣质地膜经使用后无法有效降低回收难度及成本，更无法增加再利用价值。一旦停止发放补贴，废旧农膜治理工作就将面临前功尽弃的风险。其次，如果地膜的"生产—使用—回收—再利用"这个产业链无法形成有效闭环并合理运行，那么依靠补贴建设的回收设施及再加工利用设施也势必会闲置，无法发挥其应有的作用，最终造成国家财政资源的实质性浪费。

农膜综合治理新模式是集地膜"生产—使用—回收—再利用"全产业链闭环管理的运行方式。该模式通过对高标准可回收地膜的研发和使用，可以大大减缓使用后的地膜发生老化、风化的过程，使废膜的拉力和韧性保持在一定水平上。由此，在回收地膜的时候就具备了机械化回收的条件，即使人工回收，也能大大降低回收难度，从而使回收成本具备大幅降低的可能性。如果配合回收机械的研发，还能进一步降低回收的成本。同时由于在生产源头就使用了高品质的地膜原料，降低了回收难度，提高了回收废膜的净度以及完整度，在后续清洗、再加工利用的过程中就能大大降低加工成本，提高再生颗粒的品质和价值。2021 年项目回收的高标准废膜在经加工利用后，品质非常不错，被加工成滴灌带的比例高达 90% 以上。这批再生料制成的滴灌带经过一年的使用后，被认证品质完全符合使用要求。这样一来，回收阶段的降本以及再利用环节的增效，能形成很好的正向增益，从而推动整个产业链条形成闭环，实现废膜污染治理从国家政策性"输血"转变为依靠自身能力"造血"。如此经过一段时间的良性运行，可以逐年降低目前国家高昂的废膜治理政府补贴，进而有望使用少量补贴就能彻底解决废旧农膜污染顽疾。

（二）践行生产厂家责任延伸义务，激发产业研发内生动力

近年来，政府对在生产源头使用高标准地膜的重要性认识有所提高，纷纷采用政府招标采购高标准地膜，或者对购买高品质地膜进行一定补贴的方式鼓励农民购买高标准地膜。但该模式还是有很大的问题。首先，政府只是对高标准地膜的采购进行招标，而对后续使用和回收往往缺乏有效的管理，即使政府使用强制手段回收了一些废膜，对最终的再加工利用环节也没有很好的解决方案，所有环节都是相互独立的，并没有被很好地统筹起来。其次，对发放高标准地膜购买补贴方式而言，由于一个地区内，往往会有好几家生产企业或者品牌，还是存在劣币驱逐良币的竞争态势，即使有补贴，农民也会选择更优惠的厂家产品。因厂家无须考虑后续的回收和再利用环节，最终依然会从价格战变为品质淘汰战，这也使地膜品质无法持续提升，甚至出现不良竞争下的品质倒退现象。

农膜综合治理新模式就很好地解决了以上问题。从广义上来说，农膜综合治理很好地践行了生产厂家责任延伸义务，因为该模式需要兼顾后续的使用、回收及再利用，所以该模式下的厂家就必须不断研发更合适的高标准地膜，甚至和相关机械制造企业联合开发适合机械回收的地膜和相关配套机械，进而推动回收环节的降本。而回收环节的降本提质也能很好地驱动最后再利用环节的降本增效，最终各个环节总体联动，相互促进，从而激发出整个链条中各环节的内生动力，促进产业链条形成闭环管理。

（三）简化政府管理难度

在传统废旧农膜治理过程中，各个环节都需要政府部门的监督管理。比如，生产环节就涉及工商部门、税务部门、市场监督管理部门等。此外，生产企业往往不一定在当地，还可能涉及异地执法，政府执法成本高，这也是超薄劣质地膜屡禁不止的原因之一。而使用、回收、再利用环节也需要不同政府部门对农民、再利用企业分别监管协调，涉及部门多，监管难度大，政府执法成本高，管理难度大。

农膜综合治理新模式就很好地避免了这个问题。农膜综合治理新模式要求承接企业必须具备集农膜生产—使用—回收—再利用全产业链闭环管理运行的能力，整个链条各环节都由该企业负责协调处理相关资源，而政府部门只需要起到配合和监督的作用，这大大降低了政府的行政成本和监管难度，实现了从传统的需要管理 N 变成了只需抓住 1 从而管理 N 的局面。

综上所述，农膜综合治理新模式的创新性和优势非常明显，而且其本身也具备从"输血"到内生"造血"的发展可持续性。而且随着可降解模式的完善，农膜综合治理新模式几乎适合全国所有地区的废旧农膜污染治理场景，发展潜力巨大。

四、农膜综合治理新模式需要的政策支持

经过多年的试验探索，中农通用已经基本完成了农膜综合治理新模式可回收和可降解路径的探索，具备了向有需要废旧农膜污染治理地区输出农膜综合治理整体解决方案的能力。但是现阶段来说，无论哪种路径，都需要当地政府相关政策的支持，纯市场推广难度较大。

（一）目前市场的地膜质量依然参差不齐，总体来说回收后的再生利用价值低，无法自然形成产业链闭环。同时废旧农膜污染治理属于公益性质的事业，无法形成自然盈利，因此废旧农膜污染治理仍需要政府对整个链条进行财政补贴。

（二）农膜是免税商品，但是其原料需要缴纳增值税，中间会有税差。同时由于需要从农民手中收取废旧农膜，农民无法开票，而且加工出来的再生颗粒无论是生产成产品销售还是当作再生原料直接销售，均需要缴纳增值税，这中间也有税差，需要国家相关部门对其中环节的税收制定优惠政策，从而减少企业运行成本，更好地推动农膜综合治理工作的落地实行。

（三）农膜综合治理新模式涉及的环节较多，需要一个平稳的经济环境才能更好地运行。如果一个区域内有过多的竞争企业扰乱市场，导致农民难免购买其他厂家品质较差甚至不合格的地膜产品，势必会影响后续回收、再利用环节，增加农膜综合治理承接企业运营成本，甚至无法实现闭环。因此在治理区域范围内，建议由一

家农膜综合治理承接企业负责区域内所有地膜的供应及后续的回收再利用工作。同时政府部门也应做好后续协调、监管、服务等工作，毕竟企业没有行政能力。由于农膜综合治理工作涉及农民规范使用、执行回收等事宜，因此往往需要政府部门大力支持才能顺利运行。

五、废旧农膜污染治理建议

在有废旧农膜污染治理需要的地区，政府可以采用购买服务的方式，通过招投标吸引有资质、有能力完全承接农膜综合治理新模式的企业参与治理，将需要进行废旧农膜治理的地区整体打包，委托给中标企业全权负责。政府部门需要建立科学的考核评价机制，对中标企业开展农膜综合治理各环节的执行情况进行考核评价，经过验收合格后下发相关补贴资金。同时政府部门还需做好本地区内的监管、协调工作，确保该地区不出现其他品牌的地膜产品以及农民按照规定科学使用地膜并且做好回收工作。如此，各方面各司其职，各尽所能，才能全力解决废旧农膜污染这一重大问题。

作者简介

叶利锋，中农集团通用化工有限公司职员，主要负责公司农膜板块农化服务和农膜等塑料原料经营业务，深耕农膜及农膜原料行业多年，从业经验丰富。

高效开展农药包装废弃物回收
持续推进乡村生态振兴

高邮市供销合作总社理事会主任　陆晓祥

党的十九大作出了实施乡村振兴战略的重大决策部署。乡村振兴的质量和成色，要靠"绿水青山"打底色。生态振兴是乡村振兴的重要基础。以推动乡村生态振兴，增强农民群众的获得感、幸福感、安全感为出发点，高邮市供销合作总社根据供销系统年度重点工作考核任务，对全市农药包装废弃物进行统一回收和集中处理，扎实推进高邮市农业面源污染治理，以改善农村人居环境，实现田园清洁、环境清新、绿色生态和可持续发展目标。

一、回收背景

（一）有利条件

政府重视，提供制度保障。农药包装废弃物本身不易降解，乱丢乱弃极易污染环境。农药包装废弃物的长年累积已成为高邮市农业面源污染的重要影响因素之一。高邮市委、市政府高度重视农药包装废弃物的集中回收统一处理工作，连续五年将农药包装废弃物集中回收统一处理工作纳入政府1号民生幸福工程，专门下发了《关于市农药包装物集中回收统一处理试点实施方案的通知》，明确农药包装废弃物集中回收统一处理实施单位为高邮市供销合作总社全资子公司高邮市金农物资供销有限公司。

部门配合，回收意识增强。在高邮市委、市政府的坚强领导和正确指导下，高邮市供销社联合市农业农村局、市生态环境局、市城管局等各部门力量，设立专项回收资金，委托符合资质的环保公司对农药包装废弃物进行统一无害化焚烧处理，联合乡镇政府、村委会开展大面积广播、海报、横幅宣传，以奖励金制度调动广大农户回收积极性，提高回收工作的效率，并且得到了各级领导和有关部门的大力支持。

资产利用，集中回收处置。 为有效推进农药包装废弃物统一回收处置工作，高邮市供销社进行了认真的摸底调研，分别与农药批发公司、乡镇经营网点及村庄代销点等进行座谈交流，听取建议和意见，并在总结试点经验和不足的基础上，就下一步如何延伸回收网点、拓展服务内容、实现农药包装废弃物回收处理全覆盖进行探讨。高邮市供销社充分利用闲置社有资产，在市区改建农药包装废弃物回收中转站，将从事农资农药经营的原乡镇供销系统站点重点纳入考虑范围内，在各乡镇设立了镇级回收网点和储存仓库，为农药包装废弃物回收处置工作提供了支持。

（二）难点堵点

高邮市农药包装废弃物回收实行每年限额定量回收，回收率仍有一定的提升空间，其原因有三。一是本地企业未完全承担回收责任。根据《农药管理条例》《农药包装废弃物回收管理办法》等相关规定，按照"谁生产谁负责、谁销售谁回收、谁使用谁交回"的原则，农药包装废弃物的回收第一责任主体是农药生产企业及经销商，但没有相关法规要求农药生产企业强制执行回收责任，而以市场为主体的回收机制尚未形成；二是尚未实施兜底回收。由于农药包装废弃物回收的市场行为缺失，因此需要政府部门对其兜底回收，但目前每年农药包装废弃物回收专项经费有限，且尚未纳入政府年度工作考核任务指标，没有对各乡镇形成有效的激励机制和考核管理机制。三是种植者回收意识不强。不同种类农药包装废弃物的回收补助金不同，大号塑料瓶易回收且回收价格较高，而农药袋价格相对较低且不方便回收，种植户当然倾向于回收大号塑料瓶，而把袋子随意丢弃，因此回收效果便大打折扣。

二、项目开展

（一）基本情况

高邮市供销社农药包装废物回收工作始于 2017 年。高邮市是江苏省最早启动农药包装废弃物回收工作的地区之一。2017 年，全市 4 个回收网点回收农药包装废弃物 32 万个；2018 年 6 个回收网点回收农药包装废弃物 64 万个；2019 年 8 个回收网点预计回收农药包装废弃物 90 万个；2020 年，16 个回收网点回收农药包装废弃物 135 万个；2021 年 33 个回收网点回收农药包装废弃物 168 万个（见表 1）。5 年来，通过逐年增加回收经费，扩大回收范围，高邮市每年回收农药包装废弃物数量从 32 万个增加到了近 170 万个，总重量超 120 吨，回收集中处置率皆为 100%。

表 1　历年回收农药包装废弃物数据统计

年 份	回收数量		项目经费 （万）	回收网点 （个）	处置单位
	件（个）	吨			
2017 年	32	8.2	19	4	高邮市康博环境资源有限公司
2018 年	64	16.5	29	6	高邮市康博环境资源有限公司
2019 年	90	21.5	40	8	高邮市康博环境资源有限公司
2020 年	135	30	70	16	高邮市康博环境资源有限公司
2021 年	168	44	90	33	高邮市泰达环保有限公司

（二）回收模式

自高邮市供销社承接全市农药包装废弃物回收工作以来，经过多年探索实践，已形成了相当成熟规范的农药包装废弃物回收的"高邮模式"。探索构建"市场主体回收、专业机构处置、公共财政扶持"的回收和集中处置机制。高邮市金农物资供销有限公司（高邮市供销社全资公司）在试点区域开展**"定点回收—分类整理—集中转运—专库储存—无害化处理"**五步法工作流程对农药包装废弃物进行回收，建立统一的回收处置宣传手册、标识标牌、台账记录、岗位操作管理办法等，高邮市农药包装废弃物回收处置体系逐渐成熟。

1. 定点回收

2021 年，为进一步扩大回收网络，织密回收站点，提高回收数量，经农药包装废弃物回收工作小组考察、遴选、公示，新增了 17 个有农药经营资质的服务站点开展农药包装废弃物回收工作，回收范围由 2017 年的 4 个乡镇扩大到 2021 年的 13 个乡镇、33 个网点，覆盖所有涉农地区，打造出"5 公里范围"服务网，方便了老百姓就近回收兑换。

2. 分类整理

回收点按规定价格统一回收，其中小瓶每个 0.2 元，500 毫升以上的瓶子每个 0.3 元，包装袋每个 0.08 元。利用农药包装废弃物回收信息化平台建立实时电子台账，网点负责人使用回收微信小程序，记录回收农户姓名、家庭地址、联系方式、回收废弃物类型及数量，系统自动核算出补助金额，农户签字确认后即可将回收信息上传到数据监管平台，以便监督单位核查，确保农户利益。

3. 集中转运

相关人员可以通过查看回收监管平台实时数据，随时了解各回收网点回收数量，各回收点负责人在定期或达到一定库存时上报废弃物数量，通知实施单位对分类整理的回收废弃物进行集中转运和处理。实施单位安排专用车辆集中托运处理回收废弃物，以免废弃物积压，引发安全事故。

4. 专库储存

按照就近原则，在各乡镇回收点设置临时存放点。回收点负责人对废弃物进行分类整理，统一按小瓶（500 毫升以下）500 个、大瓶（500 毫升以上）60 个、包装袋 1 000 个分别装入印有标识的回收专用袋，打包完好后存放到特定的仓库内。存放点采取封闭式管理，并由专人负责维护储存物的安全放置，以避免发生泄露、污染环境，以及影响周围群众的生活的情况。

5. 无害化处理

2021 年高邮市在全省率先对农药包装废弃物的回收及处置过程实施豁免管理，即对农药包装废弃物的收集、运输、利用、处置过程不再按危险废物的一系列处置过程进行管理。当农药包装废弃物达到一定库存量时，实施单位抽检合格后安排专用车辆运送至城市生活垃圾焚烧厂即高邮泰达环保有限公司对农药包装废弃物进行无害化焚烧处置，严禁露天焚烧、擅自填埋，以避免发生农药包装物二次污染事故。

（三）设施建设

近年来，结合高邮市新型乡镇基层社建设项目，农药包装废弃物回收工作成为高邮市新型基层社必备服务项目。由市总社进行统一指导，基层设置专用储存仓库，对仓库进行改造，清理仓库杂物、修缮墙面、加装排气扇、铺设防腐隔层、屋面进行防水处理，确保仓库环境整洁卫生与物品存放安全性，不产生二次污染等情况，符合危险废物存储要求；对市区所属破旧生化厂房进行改造，设置农药包装废弃物回收中转仓库，从而缓解回收季节各回收点物品存放压力。

（四）专项支持

开展农药包装废弃物回收工作需要项目资金。根据回收情况，高邮市供销社每年都会收到江苏省供销社关于农业废弃物回收处置的专项奖补资金（13万元—16万元）。同时，为进一步扩大回收范围，经高邮市政府同意，从2019年起，高邮市供销社利用江苏省农业农村厅农业生态保护与资源利用补助专项资金开展回收工作。截至目前共计投入资金320多万元（其中，2017年19万元，2018年29万元，2019年40万元，2020年70万元，2021年90万元，2022年约80万元），还与高邮市农业农村局共同试点建立了"高邮农药包装废弃物回收信息化管理平台"，对高邮所有回收网点以及农药包装废弃物开展全程化动态管理。高邮市是扬州地区唯一上线农药包装废弃物数字化回收监管平台的县市。该平台的应用有助于进一步规范高邮市农药包装废弃物回收管理工作，提升高邮市农药包装废弃物回收工作的智能化、信息化、数字化水平。

三、发展建议

一是实施农药零差率统一配供。农药零差率统一配供不仅有利于严格控制高毒高残留农药和假冒伪劣农药流入农田，从源头上保证农产品质量安全，提升农业发展质量，而且有利于建立农药经营可追溯制度，保证最大限度地回收农药包装废弃物。建议加快推进由各地供销社主导的农药零差价平台建设工作进度。从农药销售到废弃农药袋回收进行全程跟踪溯源，只有这样才能从根本上有效提高地区农药包装废弃物的回收效率。

二是纳入市政考核。由于以市场为主体的农药包装废弃物回收完全处于"空窗期",因此需要政府部门对农药包装废弃物进行"兜底保护"。各级政府和有关部门应高度重视农药包装废弃物回收处理工作,将其纳入乡村振兴目标考核项目,建立和完善农药包装废弃物回收处置责任机制。明确市、县、镇、村在农药包装废弃物回收处理各个环节的任务、责任和处理途径,做到有章可循、有法可依,并大力支持由供销社专门负责开展地区农药包装废弃物工作。

三是纳入财政预算。政府需统筹划拨专项资金扶持,用好财政资金"药引子",保障经费支持,多渠道争取、带动各级财政支持,加大对农户、回收网点、回收软硬件、贮存仓库、运输车辆人员、处置设施设备等环节的补贴扶持力度,以调动回收主体的工作积极性。

作者简介

陆晓祥,男,1983 年参加工作,现任高邮市供销合作总社理事会主任。

中再生公司农药包装废弃物回收服务模式介绍

山东中再生环境科技有限公司　李家荣　张晓伟

随意丢弃的农药包装废弃物对农村人居环境构成了重大隐患。山东中再生环境科技有限公司（以下简称"山东环科"）与地方农业部门联合，积极开展农药包装废弃物的专业化回收服务。该模式以区县为回收单元，通过搭建回收网点，确立现金回收模式，加强过程宣传和培训，完善台账管理等一系列措施有效提升了农药包装废弃物的回收成效。自 2020 年下半年至今，中再生在平阴、济阳、先行区、莒南等地合计收集废农药瓶 648 万个，收集废农药袋 445 万个，回收物总重量达 237 吨，取得了显著的社会效益和生态效益。

一、引言

农药包装废弃物是指被废弃的与农药直接接触或含有农药残余物的包装物，包括瓶、罐、桶、袋等。我国农业以小农户为主要生产单位，农药使用量大但分散，超过一半以上的农户将农药包装废弃物随意丢弃在田间地头河沟，对农业农村环境造成了严重威胁。一方面，农药包装物的材质以玻璃、塑料等为主，在自然环境中难以降解，散落于田间、道路、水体等环境后易造成严重的"视觉污染"；另一方面，土壤中的农药包装废弃物会阻隔植物根系伸展，影响植株对土壤养分和水分的吸收，可能引发作物减产。更需注意的是，残留农药随包装物随机移动，会对土壤、地表水、地下水和农产品等造成直接污染，并通过生物链传递，对环境、生物和人类健康造成长期的和潜在的危害。

为此，《农药包装废弃物回收处理管理办法》《中华人民共和国固体废物污染环境防治法》《中华人民共和国土壤污染防治法》等法规政策指出了农药包装废弃物回收过程中包括农药生产者、经营者在内的各责任主体的职责义务，从而推动了回收工作。随着绿色发展理念的深入人心和各级政府部门的推动落实，农药生产者、经营者和消费者（农民）已经逐渐认识到对农药包装废弃物进行回收与合理处置的生态必要性，北京、浙江、广东等地的很多地区都开展了回收实践。

二、中再生山东环科农药包装废弃物回收模式

我国国土面积广袤，地区之间的自然地理条件、农业生产组织形式、农业作物种植情况等各不相同，农情千差万别，农药包装废弃物回收模式探索往往只适合特定区域。山东环科（专业从事危险废弃物综合处置的绿色环保企业）于 2020 年下半年起开始在山东参与实施农药包装废弃物回收，作为第三方专业机构，积极为地方农业管理部门提供服务体系建设、宣传培训等服务。

（一）县、镇、村三级回收服务体系

通过与区县一级的农业农村局沟通达成一致，确定以区县为单位，搭建县、镇、村多级回收服务体系，每个行政村一处村级回收网点，每个乡镇一处镇级暂存点，每个区县一处县级集中暂存中心。村级回收网点负责回收当地农民送交的农药包装废弃物，定期将其转移至镇级暂存点或县级集中暂存中心。为了便于管理，山东环科因地制宜地将该回收体系简化为村镇或村县两级。

1. 村镇回收网点设置

为覆盖全部回收区域、方便管理，山东环科选择将农药经营点作为基层回收网点，根据农业管理部门提供的农药经营店清单，经实地考察选定村级回收网点和镇级暂存点，报农业管理部门批准。一般来说，村级回收网点均由当地的农药经营店充当，镇级暂存点由乡镇较大的农药经营店充当，或者设定于农业管理部门指定的位置。

山东环科原则上直接负责对村级回收网点和镇级暂存点进行管理，对村级回收网点和镇级暂存点进行业务指导和监督考核，例如向各村、镇两级回收点发放印有

统一标识的账册、回收处置单据、收集箱、制度牌、打包袋（绳）、宣传单、防护手套等，协助各回收点划定存放区、张贴标识。每个收集网点设置2个收集箱，分别用于盛放废包装瓶和废包装袋。包装袋经打包后置于包装袋收集箱中，包装瓶打包后置于包装瓶收集箱中。为方便清点和检查，设置统一的打包数量、收集箱容量规格，包装瓶收集箱和包装袋收集箱颜色不同，并外贴标识，设危险警示标志（见图1）。

图1　回收网点

注：左上为回收桶，左下为济南先行区标识牌，右侧为济南先行区网点布置示例

2.县级集中暂存中心设置

县级集中暂存中心（见图2）按照农药管理部门意见进行选址，其搭建、改造、管理等方面的工作均由山东环科负责。本着经济合理的原则，县级集中暂存中心的搭建优先选择租赁已有厂房、仓库，并参照危险废弃物暂存库建设标准进行改造，强化安全环保措施。条件允许的情况下，县级集中暂存中心设置地磅、打包机等设施，对地面进行防渗处理，安装监控，配备消防器材。同时，划定暂存区、打包区、

作业和消防通道，现场具备照明、通风、防雨、防火、防扬尘等条件。县级集中暂存中心由专人驻场管理，确保标志标识、制度牌子等张贴到位，建立并遵守回收管理、出入库、安全环保等相关制度及相关应急预案要求。

图 2　平阴县农药包装废弃物县级集中暂存点

注：左上为标识牌，左下为暂存点内景，右上为暂存点外景，右下为打包机

（二）回收计量及记录制度

山东环科为各级回收网点设计了管理台账，制订了集中接收（归集）的计划、并负责农药包装废弃物接收、入库和集中转运工作。对"村—镇"回收体系，在各镇级暂存点定期组织统一归集和转运；对"村—县"回收体系，在县级集中暂存点出库转运。村级回收网点自行配置运输车辆（见图 3），自行将农药包装废弃物送到镇级暂存点或县级集中暂存点，集中转运的车辆全部由山东环科提供，所有车辆均需满足防雨、防散落、防渗漏等要求。

图 3　农药包装废弃物集中转运车辆（县级集中暂存点→处置厂）

1. 村级回收计量及记录

村级回收点接收农户送交的农药包装废弃物，双方现场清点数量，剔除其中的非农药包装，明确农药瓶和农药袋具体数目。由于农药瓶和农药袋不能混装，回收点需将农药袋和农药瓶分类打包，每包数量固定（如150个/包或200个/包，以便于清点和抽检）。回收网点回收台账如表1所示。

表 1　农药包装废弃物回收台账

序号	时间	药品名称	包装物形式	规格	数量	补助金额	购买人姓名	购买人身份证号码	送回人签字

2. 乡镇暂存点回收计量及转运

乡镇暂存点对回收的农药包装废弃物登记造册，如实记录农药包装废弃物收集、运输、处置的日期及数量等。山东环科定期联系各乡镇暂存点，根据农药包装废弃物暂存量确定归集频次（或时间），统计需要进行归集的暂存点。山东环科组织专用转运车辆进行过磅归集，制作归集转运台账，以便作为山东环科和采购人进行项目结算的依据。过磅称重过程和现场清点过程，均由回收点负责人、山东环科现场负责人和监督单位代表三方现场确认，回收处置单据一式三份（见表2），三方各执一份。

表2　农药包装废弃物回收处置单据

农药经营店名称：　　　　　　　　　　　　　　　　　　　　　　　年　　月

项目	单位	数量	重量（吨）	备注

农药经营店（负责人签字）：　　　　回收处置单位（负责人签字）：　　　监督方（负责人签字）：
第一联（农药经营店留存）　　　　第二联（回收处置单位留存）　　　第三联（监督方留存）

3. 县级集中暂存中心回收计量及转运

县级集中暂存中心接收村级暂存点送交的农药包装废弃物。县级集中暂存中心需设立台账，记录出入库的农药包装废弃物的来源、日期、数量、类型等信息，并至少保存10年。县级集中暂存点现场驻点负责人定期联系各村或镇回收点，确定送交频次（或时间）。相应回收点负责人应将打包好的农药包装送至县级集中暂存中心。集中暂存点出入库台账如表3所示。

表3　集中暂存点出入库台账

暂存库入库台账												
入库日期	时间	回收网点	废物名称	类别编号	危险成分	废物特性	物理形态	包装容器	容器个数	重量/吨	运输车号	送货人	接收人

暂存库出库台账							
出库日期	时间	回收网点	废物名称	类别编号	物理状态	容器材料及容量	重量/吨	废物送达位置

4. 质量保证和防止弄虚作假的措施

回收的农药包装废弃物中不应包含其他物品包装物和未装过农药的包装物或生产企业产生的废品农药包装物，且数量必须与回收台账一致。村级回收点有责任确保其收集的农药包装废弃物中无掺假，回收数量应和回收台账对应。山东环科将对此进行抽查，并采取措施防止回收过程中的弄虚作假。规定回收点对农药包装废弃物的打包方式（150个/袋或200个/袋），并对每一批次从回收点归集到存储点的农药包装废弃物打包袋进行抽检，原则上以所抽检打包袋中排除掺杂量后的农药包装废弃物最小数目和打包袋数量的乘积作为当批次的归集量。

山东环科定期汇总收集、归集、转运、处置单位交接等全过程的台账记录表，并由专人管理以防遗失，采用信息软件辅助管理农药包装废弃物台账。在项目实施期间，山东环科每月定期向区县农业农村局报送回收处置报表，并处理好衔接工作。

（三）培训和宣传制度

1. 集中培训

山东环科组织各回收网点负责人、农户代表等参加农药包装废弃物回收的集中培训讲座（见图4），开展农药包装废弃物回收的全面讲解培训，内容包括政策法规、回收流程、工作职责、补贴办法、安全环保、注意事项等；组织现场互动答疑；组建回收工作微信联络群，以便于后续工作沟通。此类线下培训在项目周期内一般开展一次。

图4　莒南县农药包装废弃物回收处置工作培训会议现场

2. 回收宣传

一方面，应提前制作若干明白纸，并投放至各回收网点，由回收网点负责人向前来投递农药包装废弃物的村民进行发放。另一方面，组织宣传工作小组，带领专用宣传车，走遍所涉区县下辖的基层乡镇及所辖的主要村庄社区，通过"赶大集""访村庄，进社区"的形式向村民宣传回收政策（见图5）。

图 5　莒南县农药包装废弃物回收宣传工作

每逢赶集，宣传车会开到乡镇大集，在其中慢速往复穿梭，循环播放宣传音频，车厢两侧和后部同步展示宣传海报，宣传人员身着专门定制的马甲，在大集向群众发放明白纸，以接地气的语言，向赶集的农民朋友宣传农药包装废弃物回收政策、流程和意义等。在其他时间段，宣传车会开进乡村的社区街道和田间地头，反复播放音频、展示海报；宣传人员同步向村民发放明白纸，答疑解惑；在村宣传栏、公交站等处张贴宣传明白纸、悬挂横幅。

（四）项目资金来源和使用

农药包装废弃物回收服务作为政采项目，项目资金全部来源于地方专项财政资金。项目资金主要用于回收补贴、回收物资采购、暂存中心改造、废弃物运输处置等。其中，回收补贴作为一种激励方式，包括实物激励、优惠换购激励、现金激励等。经地方农业部门批准，山东环科采取了现金激励方式，也就是按数量向送交农药包装废弃物的老百姓发放补贴。根据项目服务经验，参考的综合补贴价格是农药瓶 0.2 元—0.3 元 / 个，农药袋 0.03 元—0.06 元 / 个，回收网点从中提取 10%—20% 作为激励资金。补贴资金由回收网点先行垫付，山东环科定期与各网点进行回收数量核对和补贴结算，并根据政采合同约定接受政府拨付的资金。补贴资金占项目全部资金的一半以上。

三、项目成效及模式优点分析

山东环科在山东省济南市、临沂市等地已承接 7 项此类农药包装废弃物回收服务项目，其中有 6 个项目已提前完成政采合同约定的回收任务，1 个项目正在实施中；在济南市平阴县建立了 120 个村级网点，在济阳区建立了 101 个回收网点，在先行区（现起步区）建立了 30 个回收网点；在临沂市莒南县建立了 150 个回收网点……为回收工作的顺利开展提供了有力保障。

山东环科至今已在济南平阴、济阳、先行区等地收集农药瓶 560 多万个，收集农药袋 360 多万个，共转移 201 吨，发放补贴约 200 万元；在临沂市莒南县，累计收集农药瓶 88 万个，农药袋 85 万个，共转移 36 吨，发放补贴约 33 万元，这些举措得到了老百姓的良好反馈，以及农业部门的肯定，在社会上引起了一定反响。

（一）专业第三方提供全方位服务

中国再生资源开发有限公司是中华全国供销合作社下属的大型再生资源回收服务商，回收网络遍布全国，回收工作人员专业有素，在区域回收服务的组织开展方面具有先天优势。山东环科作为实施回收工作的第三方单位，人员专业性强，工作效率高，归集、暂存、转运、处置等过程的安全环保有保障，便于农业部门监管。

（二）建立全覆盖的回收体系

山东环科搭建了覆盖回收区域全区（县）的基层回收网点，方便农民投递农药废包装，实践证明，村—镇或村—县两级网点即可有效运转且便于管理；配套建立的农药包装废弃物回收归集处置的全过程台账，有力地保证了整个回收流程的可追溯；同时建立了抽查制度，杜绝了弄虚作假。

（三）重视培训和宣传工作

山东环科在农药包装废弃物回收项目实施前期，会对各回收点负责人开展培训，并督促宣传组下沉到集镇、村庄，发放明白纸，悬挂条幅，宣传车配合宣传。这不仅有利于回收所涉区域内的老百姓在短时间内了解这一事项，而且有利于回收网点熟悉业务，大大增强了老百姓的参与意识，提高了农药包装废弃物的回收效率。

（四）选择合适的激励措施

当地农业部门早已要求农资经营点开展农药包装废弃物回收工作。大多数村民也知道乱丢农药包装废弃物会污染环境，但由于缺乏有效的激励措施，再加上监管力量不足因此农民和农药经营店主的回收积极性较低。山东环科在山东地区开展的农药包装废弃物回收服务充分借鉴了国内外回收探索的有益经验，采用现金回收模式，按回收数量向农民发放补贴，激发最基层农民捡拾送交农药包装废弃物的积极性，回收效果十分明显。

四、经验总结与建议

随着城镇化深入推进和土地流转制度逐步实施，过去以小农经济为主的生产模式将逐渐演变为规模化、专业化、集约化的农业经营模式。与之同时，农药包装废弃物的回收工作将变得更专业高效。另外，可降解农药包装材料的推广和资源再生技术的进步也将推动农药包装回收向绿色环保的方向发展。

（1）确定合理的激励方式。总体上，农药包装回收对资金的依赖会越来越弱。不过，目前来看，现金回收模式仍然是成效更明显的农药包装回收模式。从某种程度上讲，这是一种针对农民的定向再分配过程，社会效益比较显著。因此，建议财政充裕的地区进一步提高对农药包装回收重要性的认识，加大资金投入，回收过程更侧重经济激励和行业倡导。在财政紧张的地区，可设法让农民投递农药包装废弃物的操作过程变得更便利，比如说在田间地头布设农药包装回收桶/箱，乡镇环卫配合定期清运，将农药包装废弃物回收逐步融入生活垃圾分类，推动分类收集、分类运输、分类处置。

（2）拓宽资金来源。建议对农药生产者及经营者进行农药包装废弃物处置的费用预提，或者农药生产者、经营者、政府财政三者共同承担回收费用。对于财政困难的地区，建议一方面拓宽回收资金来源，另一方面强化法制落实和检查监督，法制约束和经济激励两手都要抓，这也是适应我国大部分地区的模式。

（3）推广政府指导、第三方专业公司组织实施的农药包装废弃物回收服务模式，使回收过程更专业、高效、安全环保，且便于监管。实践证明，这种模式在山东是卓有成效的。

（4）打造区域典型样板，以点带面。结合地方实际，从回收体系的建设入手，加强培训宣传、台账管理、收运处置等各环节的组织管理，打造农药包装废弃物回收服务项目典型案例，带动区域农药包装废弃物的有效回收。

（5）支持包括农药包装废弃物和废旧农膜在内的农业塑料废弃物资源化技术研究，建设区域示范项目，逐步完善行业技术标准。目前，国内农药包装废弃物的最终归宿还是以无害化或能源化处置为主，这在一定程度上导致了资源浪费，并增加了碳排放量。将农药包装废弃物经预处理后制作成塑料原料并用于特定行业，可实现资源再生，增加经济效益，减少碳排放量。建议下一步设立专项资金开展农药包装废弃物资源化技术研究，吸引社会资本打造区域示范项目。每个省份可分区域设置若干资源化项目。

我国地域辽阔，国情和发达国家不同，且各地农情各异。在农药包装废弃物回收方面，可以参考先进地区的成熟经验做法，但切勿生搬硬套。

作者简介

第一作者：李家荣，男，57岁，中共党员，大学学历，高级工程师，1987年7月参加工作，2010年加入中国再生资源开发有限公司，现任中再生环境科技有限公司总经理。

通信作者：张晓伟，男，1988年生人，就职于山东中再生环境科技有限公司，注册环保工程师，山东省危废管理专家库成员。

秸秆综合利用产业化发展是美丽乡村建设的必经之路

黑龙江省生物质产业研究院院长　孙伟

党的二十大报告提出要努力建设美丽中国，实现中华民族永续发展。要实现美丽中国的目标，美丽乡村建设是其中不可或缺的重要组成部分。我国是一个农业大国，有着8亿多农业人口，2022年我国粮食产量达到7 500万吨，产生农作物秸秆10亿吨以上，在农作物增产丰收的同时带来了大量的秸秆资源。特别是广大农村地区，若不处理秸秆，则会占用过多的土地空间，采取秸秆直接焚烧等粗放处理方式虽然可在短时间内清除秸秆，但火灾隐患、环境污染等相关问题也随之而来，形成社会公害。如何行之有效地处理好农作物秸秆问题，已成为美丽乡村建设中的当务之急。

一、秸秆之殇

近年来，随着人们环保意识的增强，"保护环境，禁烧秸秆"的呼声越来越高，我国各地也相继出台了秸秆禁烧的相关规定，甚至有些地区将秸秆视为环境污染的源头、区域发展的包袱、美丽乡村建设路上的绊脚石。但笔者认为，当下数量巨大又亟待处理的秸秆资源是我国工业化、城镇化、农业现代化进步的一个必然产物，新生的工业化产品取代了秸秆原有的传统燃料、饲料、织物原料的地位。但秸秆的产量丰富、可燃、可再生、可饲料化、含有丰富的纤维素和一定的矿物质的特性优势仍是明显的，秸秆不应该被简单定义为农业废弃物、污染物，而是典型的农业副产物，是一种尚未得到真正利用的宝贵自然资源。

二、秸秆之路

经济发展与自然环境保护并不矛盾，而是相辅相成，发达的经济有助于自然环境的改善，良好的自然环境又有助于区域经济的发展。秸秆综合利用产业正是这一思想的体现。如上文所述，秸秆有着产量丰富、可燃、可再生、可饲料化、含有丰富的纤维素和一定矿物质的特性，特别是可再生这一特性是煤炭、石油、天然气等主流工业燃料无法比拟的，并且已有研究表明，农作物秸秆含有大量的有机质，例如麦秸秆的有机质含量达 95.7%、玉米秸秆的有机质含量达 93.8%，同时富含氮、磷、钾以及农作物所需的其他元素。当前，秸秆资源被视为一种负担只是因为秸秆尚未得到真正的开发利用。利用好、开发好秸秆资源，大力发展秸秆产业不仅可以有效地减少甚至消除秸秆在农业生产、环境保护中的影响和隐患，同时可以增加工作岗位、提升秸秆价值、提高农民收入。可以说，秸秆产业化发展将是我国未来经济发展、环境保护、美丽乡村建设的一条必经之路。

三、秸秆之势

我国的秸秆资源是巨大的，全国 34 个省、区、市均有秸秆分布，其中辽宁、河北、山东、吉林、内蒙古、江西、湖南、四川、河南、湖北、江苏、安徽、黑龙江等十三个粮食主产区最充分。以黑龙江省为例，黑龙江省全年农作物种植面积 2.39 亿亩，粮食总产量为 1 500 亿斤，农作物秸秆量为 6 500 万吨，主要集中在玉米、水稻和大豆三大农作物上，其中玉米秸秆 3 500 万吨、水稻秸秆 2 400 万吨、大豆秸秆 600 万吨。随着种植结构调整和农民专业合作社等新型农业经营主体的出现，农作物种植布局呈现集中连片的趋势，秸秆资源分布也从种类和数量上日趋集中，黑龙江省内南部和西部地区以玉米为主，北部地区以大豆为主，东部地区以水稻为主，当前这种集中连片的分布态势为秸秆的产业化综合利用创造了有力的先天条件。

"十三五"以来，黑龙江省已着手开展农作物秸秆产业化布局，黑龙江省农业科学院和黑龙江省农牧林生物质产业技术创新战略联盟也在秸秆综合利用项目研究领域取得了不俗的研究和实践成果。接下来，黑龙江将以"三分之一秸秆利用机械粉碎和腐熟剂腐熟直接还田；三分之一秸秆用作饲料和肥料；三分之一秸秆通过深加工用作燃料、油料、高附加值的工业用品和生活用品等"为目标，力争实现全省农作物秸秆产业化、收益化、无害化处理。

四、秸秆之策

结合目前我国国情和国内外科研成果、调研报告，只有将秸秆产业化发展才能把秸秆这个"生态包袱"转变为绿色财富。2016 年 5 月农业农村部和财政部联合下发的《关于开展农作物秸秆综合利用试点促进耕地质量提升工作的通知》正式将秸秆综合利用产业化发展纳入国家层面，同时为未来秸秆综合利用产业化发展明确了方向，文件指出，"通过开展秸秆综合利用试点，秸秆综合利用率达到 90% 以上或在上年基础上提高 5 个百分点，杜绝露天焚烧；秸秆直接还田和过腹还田水平大幅提升；耕地土壤有机质含量平均提高 1%，耕地质量明显提升；秸秆能源化利用得到加强，农村环境得到有效改善；探索出可持续、可复制推广的秸秆综合利用技术路线、模式和机制"。以及"农作物秸秆综合利用试点工作：1. 采取强力措施严禁秸秆露天焚烧；2. 坚持农用为主推进秸秆综合利用；3. 提高秸秆工业化利用水平；4. 充分发挥社会化服务组织的作用"。

根据文件精神，在下面的秸秆综合利用产业化发展中已呈现先试点、再推广，复制成功试点，以点带面，全面铺开的形式。整个产业化的发展首先围绕"农作物秸秆综合利用试点"展开。农作物秸秆综合利用试点工作直接关系到未来秸秆综合利用产业化的发展，所以秸秆综合利用试点坚持五个必须和三个原则以确保工作的成功顺利开展。五个必须：目标必须明确、任务必须具体、责任必须落实、措施必须有力和政策必须实际。三个原则：**一是**集中连片、整体推进，即优先支持秸秆资源量大、禁烧任务重和综合利用潜力大的区域，整县推进；**二是**多元利用、农用优先，即因地制宜，多元利用，突出肥料化、饲料化、能源化利用重点，科学确定秸秆综合利用的结构和方式；**三是**市场运作、政府扶持，即充分发挥农民、社会化服务组织和企业的主体作用，通过政府引导扶持，调动全社会参与积极性，打通利益链，形成产业链，实现多方共赢。

五、产业之路

（一）离地出田，进站进园

农作物秸秆综合利用试点工作的开展标志着我国秸秆综合利用产业化发展正式踏上征程。农作物秸秆综合利用工作中面临的首要问题是秸秆的收储运问题。由于农作物秸秆低价、总量多、质轻，因此若远距离运输则会增加运输成本、削弱价格优势。因此，在秸秆的收储运过程中应分前期预处理和后期深加工两步走。一是在秸秆分布集中的农村、农场设置驻村（场）工作站，由工作站统一组织大型自动化机械集中进行秸秆收储工作，并对收获秸秆进行打捆、分割、晾晒等预处理。各村（场）工作站间机械协调运作，既提高了效率，又降低了投入成本。二是利用现有闲置的工业园区、土地资源，通过科学选址，在交通便利、辐射各村（场）工作站（原则上不超过 50 公里）、符合生产生活的条件地域建立秸秆综合利用产业园，将上中下游的秸秆深加工企业集中布置在园区内，形成产品、副产品供应链。例如，将秸秆制沼气企业与秸秆制有机肥企业一同布置，将制气企业排除的残渣直接运入制肥企业车间，充分将秸秆吃干榨净。秸秆综合利用产业园根据企业产量适时调配驻村（场）工作站预处理好的秸秆入园进行深加工，这既可以防止园区内储存过多的秸秆从而引发火灾，同时能保证各地秸秆有序地收储运输。

（二）深化秸秆深加工"5+1"模式，保障藏粮于田

"秸秆深加工 5+1 模式"是指秸秆"五化"——饲料化、肥料化、能源化、基料化、原料化与秸秆还田模式。如果说秸秆"五化"是秸秆综合利用产业的出路，那么秸秆还田则是秸秆综合利用产业来源。要想落实"藏粮于田，藏粮于技"战略，提高粮食产能，保障粮食安全，首先要保护好耕地。有研究表明，由于长期"重用地，轻养地""重化肥，轻农肥""重当年，轻长远"的掠夺式垦殖和经营，土地表层营养层以年平均 0.3cm~1.0cm 的速度在流失，土壤有机质含量也随之降低，许多

水土流失严重的地方已经"破黄皮"，这层亚黏土一般不具有农耕价值（其结构与黄土高原的土壤结构完全不同）。随着土壤中有机质含量的降低，土壤供水供肥能力也随之减弱，抗御自然灾害能力逐年下降。于是，人们将农业增产寄希望于化肥、农药、地膜等化工产品的大量投入。而这些化肥、农药只有 30% 被吸收利用，其余部分直接污染了施用地，造成了土壤板结等后果。恶性循环的结果致使土地越种越"瘦"，从而严重危及粮食安全。

秸秆中含有丰富的有机质。长期定位试验表明，秸秆还田使土壤有机质增加，年均增幅为 0.03g/kg~0.65g/kg。此外地表覆盖秸秆或农作物残茬，增加了地表粗糙度，阻挡了雨水在地表的流动，有助于雨水渗入土体，防止水土流失和风蚀，改善土壤理化性质，增强土壤肥力，是培肥土壤的根本途径。因此，促进秸秆还田，对土壤培肥及粮食持续增产具有重要意义，即变废为宝，确保国家粮食安全和环境安全，一举两得。

（三）小秸秆，大文章，秸秆路上奔小康

1. 以往玉米脱粒后，玉米芯唯一的作用就是当柴烧，除此之外别无他用。然而，近年来科技进步与创新使玉米芯有了新用途——石墨烯。

石墨烯被誉为"新材料之王"，主要应用于高端电子产品领域。2004 年英国曼彻斯特大学物理学家安德烈·海姆（Andre Geim）和康斯坦丁·诺沃肖洛夫（Konstantin Novoselov）成功从石墨中分离出石墨烯，证实它可以单独存在，两人因此共同获得 2010 年诺贝尔物理学奖。但从石墨中提取石墨烯研制成本较高，石墨烯价格昂贵，国际售价高达 200 元 / 克，被誉为"黑黄金"。圣泉集团联合黑龙江大学长江学者团队经过 7 年艰难技术的攻关，在世界上首创了以农作物秸秆为原料的生物质石墨烯。

生物质石墨烯的研发成功意义深远：一是打破了国外石墨烯生产技术的垄断局面；二是玉米秸秆资源丰富取之不尽用之不竭，生物质石墨烯的出现为玉米秸秆的综合利用提供了一条新的道路；三是生物质石墨烯将玉米秸秆综合利用产业带入了高端产业行列，带来了更高的附加值。

2. 2017 年 7 月，由黑龙江省红兴隆农垦德宇农业机械制造有限公司出资，哈尔滨工业大学联合韩国、日本、德国等世界生物质专家，历经十多年研发、创新，制造出世界上首条利用农作物废弃物（水稻壳、水稻秸秆、玉米秸秆、小麦秸秆、大豆秸秆、淀粉下脚料）生产出完全可降解塑料的生产线并调试成功。

这是自"限塑令"颁布以来，国内具有世界先进水平的生产线之一，其利用各种农作物秸秆生产出的环保产品必将彻底改变目前市场上塑料制品均含有塑化剂的现状，能够真正拒绝白色污染，提高食品安全性，保障人类生命安全。该产品一经问世就成为国际市场的抢手货。

目前，50 吨玉米芯可以生产 1 吨石墨烯（价值 200 万元），同时玉米秸秆中的半纤维素可以生产木糖和阿拉伯糖，木质素可以生产可降解塑料袋（价值 3.5 万 / 吨），剩余的废渣可以生产有机肥（价值 3 千元 / 吨），这几项产生的价值共计 217.5 万元，折合每吨 14.47 万元。如果秸秆按照每吨 400 元计算，那就是说一吨秸秆的身价增加了 361 倍。

3. 众所周知，黑龙江省是中国黑木耳主产区，全国 70% 的黑木耳产于黑龙江。人们在享受美味的同时，却忽略了一个事实，那就是木材资源被大量消耗，黑龙江省每年生产木耳 70 亿袋，消耗木材 340 万立方米，木材消耗量相当于一个小型国有林场规模。随着林业全面停伐，木耳产业原料来源也随之被切断。

在以木材为原料的传统木耳产业陷入进退两难尴尬境地的同时，由黑龙江省绥化学院食用菌研究所研发的完全用玉米秸秆栽种的黑木耳于 3 月 26 日亮相黑龙江省兰西县秸秆产业园区项目签约大会，令到会众人大开眼界，其蛋白质含量比传统以木材为基料的木耳高 0.2%。该技术一经亮相就被省内多个市县列为秸秆扶贫重点项目。

4. 作为当下经济发展的重要力量之一，建材行业在经济发展中发挥着重要作用，是基础建设的坚实保障。但是，传统的建材业也是高能耗、高污染行业。随着我国经济、社会的快速发展和生活水平日益提高，人们对建筑质量和环保要求越来越高，绿色建材的研究、开发及使用越来越深入和广泛，秸秆制建材、板材也因此应运而生。目前，我国在秸秆建材、板材领域已掌握了成熟的生产技术和市场需求，特别是以山东霞光集团、哈尔滨展大科技公司、北京传树集团为代表生产的新型秸秆建材以丰富的秸秆资源为原料，具有防火、阻燃、成本低、耐腐蚀等特点，在民用房屋与农业设施建设中得到了广泛应用。

秸秆综合利用产业是一个直接关系到我国新粮食安全，直接关系到环境保护，直接关系到社会民生的产业。在秸秆综合利用研究不断进步和创新的基础上，未来的秸秆综合利用产业化、商业化、清洁化将是大势所趋。届时，秸秆这一古老的农作物副产品将以一种新兴的工业原材料再次出现在大众的视野中。只有让秸秆有了出路，才能彻底解决秸秆焚烧污染问题，使农民增收致富，最终实现美丽乡村建设的宏伟蓝图。

作者简介

孙伟，男，汉族，1963 年 1 月生，1985 年 9 月参加工作，中共党员，毕业于东华大学，历任黑龙江省农林废弃物综合利用产业联盟理事长、黑龙江省美丽乡村建设产业创新战略联盟理事长，现任黑龙江省生物质产业研究院院长。

浅析推进农机"国四排放标准"升级进程中"旧机报废"规范发展的重要性

中国再生资源回收利用协会报废车分会秘书长　张莹

根据农业农村部农业机械化总站印发的《关于做好柴油机排放标准升级农业机械试验鉴定获证产品信息变更等相关工作的通知》,以及《非道路柴油移动机械污染物排放控制技术要求》(HJ1014-2020)的规定,为落实控制非道路柴油机污染物排放要求,加快推动农业机械向绿色转型,自 2022 年 12 月 1 日起,所有生产、进口和销售的 560kW 以下非道路移动机械及其装用的柴油机均应符合中国第四阶段(简称"国四")排放标准要求。

2022 年是我国农业机械产品(简称"农机")排放标准由"国三"升级为"国四"的第一年,农机执行"国四"标准,是全面推进农机化质量提升,加快推动农机向绿色、智能、高端的一次系统性升级转型。此次升级涉及农机生产、销售、使用等全产业链和供应链,其中也包括了老旧农机报废环节。绿色生态已然成为农机发展新趋势,从长远来看,这将有利于推动国产农机市场向高端转型,为实施乡村振兴战略和农业农村现代化建设提供强有力的机械化支撑。

一、升级国四将倒逼农机绿色化、智能化

在"国四"标准的切换过渡期,时间紧、任务重,社会上存在着"破旧老损、老而不废,超期服役"等现象,更有一些农机长期停存、闲置,从而变成了"僵尸农机"。这些长期破损闲置、失去使用价值的废弃农机存放不当,不但存在着潜在的风险,同时不利于环境建设。长期闲置情形下,自然老化致使残留的汽油及其他油

液容易泄漏，有研究证明这些油液也会在空气中挥发，释放致癌气体，严重危害周围人的健康。不仅如此，长期暴晒雨淋下一些零部件和线路的老化，在高温天气，还有可能自燃，引起火灾、爆炸等安全事故，隐患极大。

"超期服役"的农机故障发生率高、损毁严重、维修成本高，在作业过程中，会产生废气，出现洒漏、渗漏燃油等污染情况，对土壤、水系、大气环境等将造成不可逆的污染。因此，加快农业排放不达标、耗能高、污染重、安全性能低的老旧农机的淘汰进度，使越来越多技术先进、操作智能化的农业机械出现在田间地头，促进农机装备结构优化升级和农业绿色发展势在必行。

二、引导报废更新，补贴施行三年动态紧平衡

农机补贴政策对农机转型升级具有重要的引导作用，因此应优先将老旧农机列入报废主体，从源头消除农机事故隐患。目前一些地方对"国三"以下的农机的报废积极性不高。地方政府应积极引导和鼓励农机报废更新政策，尽力妥善解决好"国四"切换过渡期内鼓励报废与农机购置补贴的衔接问题。一般情况下，相关部门应在报废旧机、注销登记、兑现补贴三个程序上严格把关，规范农机报废更新程序。

针对农机超期服役，老旧农机报废更新问题，2020 年，农业农村部、财政部和商务部三部门办公厅联合印发了《农业机械报废更新补贴实施指导意见》，旨在引导各地加快老旧农机报废更新进度。其中，农机报废更新补贴实施范围由部分省份扩大到全国，报废机具种类由原来的 2 种扩大到 7 种，同时适当提高了资金补贴标准。目前，全国各地的农机报废更新补贴由报废补贴与更新补贴两部分构成，并综合考虑运输拆解成本等因素确定"补贴三年动态紧平衡"原则，突出政策的指向性、精准性，单台农机报废补贴最高可达 2 万元。农业农村部关于落实党中央国务院 2023 年全面推进乡村振兴重点工作部署的实施意见中提到，要推广适用农机，扩大农机报废更新补贴政策实施范围，加快淘汰老旧农机。

表 1　拖拉机和联合收割机中央财政资金最高报废补贴额一览表

序号	机型	类别	最高报废补贴额（元）
1	拖拉机	20 马力以下	1 000
		20—50 马力（含）	3 500
		50—80 马力（含）	7 000
		80—100 马力（含）	10 000
		100 马力以上	12 000
2	自走式全喂入稻麦联合收割机	喂入量 0.5kg/s—1kg/s（含）	3 000
		喂入量 1kg/s—3kg/s（含）	5 500
		喂入量 3kg/s—4kg/s（含）	7 300
		喂入量 4kg/s 以上	11 000
3	自走式半喂入稻麦联合收割机	3 行，35 马力（含）以上	7 200
		4 行（含）以上，35 马力（含）以上	17 500
4	自走式玉米联合收割机	2 行	7 200
		3 行	12 500
		4 行及以上	20 000
5	悬挂式玉米联合收割机	1—2 行	3 000
		3—4 行	5 500

　　从报废年限上来看，一般小型拖拉机报废年限为 10 年，大中型拖拉机报废年限为 15 年，履带式拖拉机报废年限为 12 年，自走式联合收割机报废年限为 12 年，悬挂式玉米联合收割机报废年限为 10 年。报废更新补贴额度按照报废拖拉机、联合收割机的机型和类别确定，例如对于手扶拖拉机，皮带传动的补贴 500 元，直联传动的补贴 800 元，轮式拖拉机 20 马力以下补贴 1 000 元，20—50 马力拖拉机补贴 2 500 元，50—80 马力拖拉机补贴 5 000 元，80—100 马力拖拉机补贴 8 000 元，100 马力以上拖拉机补贴 11 000 元，履带拖拉机补贴 12 000 元。对于联合收割机，按照机型不同、喂入量不同和收获的行数不同补贴额从 3 000 元到 20 000 元不等。

三、规范回收拆解是优化产业链服务的重中之重

在报废环节，报废农机一般由机主交售给当地的回收拆解资质企业进行回收拆解，价格自由协定，报废农机回收企业（简称"回收企业"）应以当地具备资质的报废机动车回收拆解企业为主，如边远地区也可选择有农机回收拆解经营业务的其他企业或合作社。回收企业要严格按照《报废农业机械回收拆解技术规范》，开展报废农机回收拆解工作，对回收的农机及时进行拆解并建立档案，拆解档案应包括铭牌或其他能体现农机身份的原始资料，档案保存期不少于3年。对国家禁止生产销售的发动机等部件进行拆解破碎处理，并由各地市农业农村局对回收企业拆解或者销毁农机进行监督，推行远程监控回收拆解机制，督促回收企业留存好拆前、拆中、拆后照片或影像等资料。

在报废业务流程规范中，全国多地主管部门结合当地的情况，制定适合当地的农机报废回收拆解企业申报制度，经过申报、初审、整改、审查核定、备案等程序，形成方便回收、便于拆解的布局合理的服务站或回收点，报废的活动半径控制在10—20公里内。同时，支持鼓励回收拆解企业上门回收、代办手续，开展"一条龙"服务。这样不仅让农民群众实现家门口报废，而且提高了办理效率。从农机具信息申报到注销登记，再到实机核实、报废拆解实行全流程现场监督，通过日清日结、集中报废，确保旧机具不再流入市场，杜绝报废零部件二次使用给农业生产带来的安全隐患，让农民群众省心又放心。

四、未来市场：农业机械化水平将大幅度提升

"十四五"时期是我国全面建成小康社会、实现第一个百年奋斗目标之后，开启全面建设社会主义现代化国家新征程、向第二个百年奋斗目标进军的第一个五年。国家在鼓励支持农业现代化发展中，全面推进乡村振兴，坚持把解决好"三农"问题作为全党工作重中之重。农机购置补贴政策的实施，推动了我国农机装备水平和农业机械化水平的大幅度提升。从2004年国家开始发布7 000万元农机购置补贴至今，累计支持3 500多万个农户，购置各类农机具超过4 500

万台（套）。据农机化总站统计数据，2020 年共申请报废补贴农机具 27 119 台，结算报废补贴农机具 9 016 台，投入报废旧机补贴资金 8 764 万元。经过多年的发展，农业农村现代化的发展脚步大大加快。2022 年国家拿出了 220 亿元的资金来鼓励来支持农机的现代化，2023 年继续实施补贴政策，鼓励、支持农机现代化。

根据农机购置补贴公示数据，到 2022 年 36 省区市合计补贴秸秆粉碎还田机 57 792 台，其中 2022 年销售 37 488 台，其余为以前年度销量。截至 2023 年 5 月 21 日，38 个农机核算省区，有 35 个有拖拉机补贴公示数据，合计公示补贴拖拉机 262 551 台，其中 2023 年 1 月 1 日以来销售 18 393 台。有 19 省区补贴拖拉机数量超过了 1 000 台，合计补贴拖拉机 256 247 台，占比为 97.60%，整体呈又快又好的发展趋势。

毫无疑问，由于中国是世界上最大的农业生产国之一，农业机械化和智能化水平的发展对农业生产力有着重要推动作用。现阶段机械化和智能化在农机总体规模中占比不到 10%，无论是从耕种主体还是从耕地面积看，小农户占比基本上达 70%，个别地区甚至高达 90% 以上。与世界先进水平相比，中国在农机机械化水平、装备制造水平、产品可靠性和农机作业效率等方面仍存在着差距。2020 年，全国农业机械总动力 10.56 亿千瓦，《"十四五"全国农业机械化发展规划》明确到 2025 年，全国农机总动力稳定在 11 亿千瓦左右，农机具配置结构趋于合理。"国四时代"的到来，标志着我国农机工业一个里程碑式的升级跨越。根据相关规划及数据预算，中国农机市场在未来 10 年销售规模年均将保持 5% 左右的年增速，预计 10 年后将会形成万亿规模的农机大市场。但目前来看，农机市场仍亟待解决技术问题与售后服务问题，只有行业的产、销、服务与报废等环节形成良性循环，才能实现农机行业的跨越式增长和全面转型升级。

作者简介

　　张莹，中国再生资源回收利用协会报废车分会秘书长，有近 11 年的报废机动车回收拆解产业链从业经验，曾参与报废汽车回收管理办法和拆解技术规范的修订与意见征求工作，组织并参与多项行业标准与规范编制，曾开展《报废机动车回收管理办法》及《实施细则》解读与贯彻培训工作，参与编写的新政《报废机动车回收管理办法》（国务院令第 715 号）令政策解读在国务院司法部官网发表。

立足服务城乡，供销社推进"双碳"工作思考

中国再生资源回收利用协会　潘永刚　蔡海珍　唐艳菊

本文梳理了我国碳达峰碳中和政策发展脉络，对工作进展情况、工作成效和工作重点进行了描述，基于循环经济助力实现碳达峰碳中和目标和深度参与城乡建设"双碳"工作两个角度提出对发展供销社系统"双碳"工作的建议，并介绍中国再生资源回收利用协会碳减排相关工作的经验。

中国将力争于 2030 年前实现碳达峰、2060 年前实现碳中和，这标志着我国绿色低碳发展迈进新阶段。实现碳达峰碳中和是中国政府经过深思熟虑作出的重大战略决策，彰显了中国积极应对全球气候变化的大国担当，也意味着中国作为世界上最大的发展中国家，将完成全球最高碳排放强度降幅。两年多来，我国坚定不移推进"双碳"工作，建立了碳达峰碳中和"1+N"政策体系，以"双碳"工作为牵引，加强工作统筹、科学把握节奏，有计划分步骤实施"碳达峰十大行动"，能源和产业绿色低碳转型取得重要进展，"双碳"工作实现良好开局，推动经济社会发展全面绿色转型。

一、我国"双碳"工作进展情况

（一）顶层设计逐步完善

一是建立统筹协调机制。中央层面成立了碳达峰碳中和工作领导小组，国家发展改革委履行领导小组办公室职责，强化组织领导和统筹协调，形成上下联动、各方协同的工作体系。

二是构建"1+N"政策体系。2021 年 10 月 24 日，党中央、国务院出台了《中

共中央国务院关于完整准确全面贯彻新发展理念做好碳达峰碳中和工作的意见》（以下简称《意见》），该意见在碳达峰碳中和"1+N"政策体系中发挥着统领作用；同年10月26日国务院发布了《2030年前碳达峰行动方案》（以下简称《方案》），该方案与《意见》共同构成贯穿碳达峰、碳中和两个阶段的顶层设计，进一步明确了推进碳达峰工作的总体要求、主要目标、重点任务和保障措施。两份文件的发布，标志着我国碳达峰碳中和工作正式由目标愿景转向具体行动，展现了中国应对气候变化的大国担当。其中，"N"包括能源、节能降碳增效、工业、城乡建设、交通运输、循环经济等行业碳达峰实施方案，以及绿色低碳科技创新、碳汇能力巩固提升、绿色低碳全民行动、各省（区、市）梯次有序碳达峰行动和能源保障、统计核算、督察考核、财政金融价格等保障政策。一系列文件构建起目标明确、分工合理、措施有力、衔接有序的碳达峰碳中和政策体系。双碳顶层设计文件设定了到2025年、2030年、2060年的主要目标，并首次提到2060年非化石能源消费比重目标要达到80%以上。由于实现碳达峰、碳中和是一项多维、立体、系统的工程，涉及经济社会发展方方面面，《意见》坚持系统观念，提出了10方面31项重点任务，明确了碳达峰碳中和工作的路线图、施工图，而《方案》确定了碳达峰10大行动。顶层设计出台之后，国家层面陆续有"N"政策出台，包括对重点领域行业的实施政策和各类支持保障政策；各省具体实施政策也属于"N"政策，这些政策以战略性指导文件、保障支撑文件、地方法规等形式出台。

三是建立健全相关政策机制。优化完善能耗双控制度，建立统一规范的碳排放统计核算体系。推出碳减排支持工具和煤炭清洁高效利用专项再贷款，启动全国碳市场。完善绿色技术创新体系，强化"双碳"专业人才培养。在全社会深入推进绿色生活创建行动，倡导绿色生产生活方式，鼓励绿色消费。

（二）开展了一系列根本性、开创性、长远性工作

一是稳妥有序推进能源绿色低碳转型。我国立足以煤为主的基本国情，大力推进煤炭清洁高效利用，实施煤电机组"三改联动"，积极发展非化石能源，持续深化电力体制改革，在沙漠、戈壁、荒漠地区规划建设4.5亿千瓦大型风电光伏基地，

风光发电装机规模比 2012 年增长了 12 倍左右，新能源发电量首次超过 1 万亿千瓦时。目前，我国可再生能源装机规模已突破 11 亿千瓦，水电、风电、太阳能发电、生物质发电装机均居世界第一。

二是大力推进产业结构优化升级。积极发展战略性新兴产业，着力推动重点行业节能降碳改造，坚决遏制"两高一低"项目盲目发展，促进新产业、新业态、新模式蓬勃发展。与 2012 年相比，2021 年我国能耗强度下降了 26.4%，碳排放强度下降了 34.4%，水耗强度下降了 45%，主要资源产出率提高了 58%。新能源产业全球领先，为全球市场提供超过 70% 的光伏组件；绿色建筑占当年城镇新建建筑面积比例提升至 84%。在政策和市场的双重作用下，2022 年新能源汽车数量持续爆发式增长，产销量分别达到 705.8 万辆和 688.7 万辆，连续 8 年位居全球第一，同比分别增长 96.9% 和 93.4%，保有量达 1 310 万辆，约占全球一半。

三是能源资源利用效率大幅提升。两年多来，节能减排和资源节约集约循环利用成效明显，建立并完善能耗双控制度，强化重点用能单位管理，引导重点行业企业节能改造，开展绿色生活创建行动，大力发展循环经济，实施园区循环化改造，构建废旧物资循环利用体系，积极推进水资源节约、污水资源化利用和海水淡化，推动我国能源资源利用效率大幅提升。与 2012 年相比，2021 年我国单位 GDP 能耗下降了 26.4%，单位 GDP 二氧化碳排放下降了 34.4%，单位 GDP 水耗下降了 45%，主要资源产出率提高了约 58%。

四是推进建筑、交通等领域低碳转型。积极发展绿色建筑，推进既有建筑绿色低碳改造，2021 年全国城镇新建绿色建筑面积达到 20 多亿平方米。加大力度推广节能低碳交通工具，新能源汽车产销量连续 7 年位居世界第一，保有量占全球一半。

五是巩固提升生态系统碳汇能力。坚持山水林田湖草沙一体化保护和修复，科学推进大规模国土绿化行动。我国森林覆盖率和森林蓄积量连续保持"双增长"，已成为全球森林资源增加最多的国家。

六是积极参与全球气候治理。在多双边机制中发挥重要作用，推动构建公平合理、合作共赢的全球环境治理体系。深化应对气候变化南南合作，扎实推进绿色

"一带一路"建设，支持发展中国家能源绿色低碳发展。

（三）"双碳"工作重点突出

当前，我国生态文明建设已经进入以降碳为重点战略方向、推动减污降碳协同增效、促进经济社会发展全面绿色转型、实现生态环境质量改善由量变到质变的关键时期。我国"双碳"工作立足客观实际，循序渐进、久久为功，注重处理好发展和减排的关系，进一步协同推进降碳、减污、扩绿、增长，全面加强资源节约和环境保护工作，加快推动形成绿色低碳生产生活方式，努力建设人与自然和谐共生的现代化。工作重点将聚焦于以下五个方面。一是把"双碳"工作纳入生态文明建设整体布局和经济社会发展全局，落实碳达峰碳中和"1+N"政策体系有关部署，有计划分步骤实施好"碳达峰十大行动"。二是推动能源绿色低碳转型。持续推进煤炭清洁高效利用，加快构建新型能源供给消纳体系，着力夯实能源供应基础，有效保障能源安全。三是推进产业优化升级。大力发展战略性新兴产业，坚决遏制高耗能、高排放、低水平项目盲目发展。实施全面节约战略，大力推动传统产业优化升级，着力提升综合效能。四是加快绿色低碳科技创新。完善绿色低碳技术创新体系，加快关键核心技术攻关，鼓励先进适用技术示范推广。强化"双碳"领域人才培养，加强专业技能人才队伍建设。五是完善绿色低碳政策体系。推动能耗双控向碳排放双控转变，研究制定碳达峰碳中和综合评价考核制度。持续完善财税、投资、金融、价格等方面政策，推进碳市场健康有序发展。

二、两个重点——精准把握发展供销社系统"双碳"工作的主战场

（一）循环经济助力实现碳达峰碳中和目标

一是再生资源回收利用为"双碳"工作提供了有力支撑。2021 年 7 月 1 日，我国发布《"十四五"循环经济发展规划》，提出了循环经济多项具体目标，其中"循环经济助力降碳行动"明确指出要"抓住资源利用这个源头，大力发展循环经济，全面提高资源利用效率，充分发挥减少资源消耗和降碳的协同作用"，这为新时期持

续做好循环经济工作赋予了新使命、指明了新方向、提出了新要求。再生资源可以推动资源节约集约循环利用，通过提高资源利用效率为碳达峰碳中和提供有力支撑，已得到科学验证并成为普遍共识。回收利用废钢铁、废铝、废塑料等再生资源，缩短工艺流程，减少原材料开采及产品生产过程等价值链上的碳排放，能有效减少能源和资源消耗，例如，用废钢替代天然铁矿石用于钢铁冶炼，每生产 1 吨钢可减少约 1.6 吨二氧化碳排放量；再生白板纸碳减排强度为 09.580tCO$_2$e/t 纸，再生文化纸碳减排强度为 1.4105tCO$_2$e/t 纸，再生瓦楞纸碳减排强度为 1.5865tCO$_2$e/t 纸；2050 年我国的塑料需求中有 52% 可由回收再利用的二次塑料提供；到 2030 年磷酸铁锂电池回收利用过程可回收锂元素 0.65 万吨。因此，在全球迈向碳中和的背景下，各国以及各企业如何核算其本国和本国企业的碳排放以及产品碳足迹，产生的碳排放量的"归属"问题将变得越来越现实且重要。再生资源回收利用技术的发展革新在碳中和目标实现过程中将日益发挥作用，而再生资源回收利用行业的碳减排核算标准和评价体系也需逐步建立完善，这不仅能够促进行业技术水平的提升，而且有助于为各行业碳中和行动提供重要量化指标参考。

二是率先建立标准计量和评价体系。做好再生资源回收利用与碳减排定量分析的重要性，一方面在于提高国内经济发展过程的效率与公平性；另一方面在于在经济全球化新阶段更好地分工协作，需要完善一系列主要再生资源品种的碳减排相关标准体系。

三是积极参与碳交易市场发展。2021 年 7 月 16 日，全国碳排放权交易市场正式启动，2022 年全国碳市场碳排放配额（CEA）总成交量逾 5 088.9 万吨，总成交额 28.14 亿元，至此全国碳市场基本框架初步建立，促进企业减排温室气体和加快绿色低碳转型的作用初步显现，有效发挥了碳定价功能，下一步将逐步扩大全国碳市场行业覆盖范围，丰富交易主体、交易品种和交易方式。再生资源行业发展助推碳减排过程，行业自身通过回收利用既可助力生产行业实现碳减排，又为企业在碳交易中增加了配额收益，因此未来深度利用再生资源的能力将能够为企业赢得碳排放配额的收益，为企业带来新的绿色财富。目前，协会就扩大全国碳市场覆盖行业范围的趋势做了不少基础准备工作，拟开展再生资源主要品种碳排放数据核算工作，构建相关企业碳排放数据库，组织研究符合全国碳市场要求的有关技术规范，等时机成熟时推动会员单位纳入全国碳市场的其他行业重点排放单位，推动实现我国碳达峰碳中和目标。

（二）深度参与"城乡建设双碳"工作

在城乡建设方面，自 2021 年 10 月以来，我国陆续发布了《关于推动城乡建设绿色发展的意见》《"十四五"住房和城乡建设科技发展规划》《"十四五"建筑节能与绿色建筑发展规划》《农业农村减排固碳实施方案》《城乡建设领域碳达峰实施方案》。其中，《关于推动城乡建设绿色发展的意见》是党中央、国务院站在全面建设社会主义现代化国家的战略高度作出的重大决策部署，是今后一个阶段推动城乡建设绿色发展的纲领性文件，对于转变城乡建设发展方式，把新发展理念贯彻落实到城乡建设的各个领域和环节，推动形成绿色发展方式和生活方式，满足人民群众日益增长的美好生活需要，建设美丽城市和美丽乡村具有十分重大的意义；《"十四五"住房和城乡建设科技发展规划》明确，到 2025 年，住房和城乡建设领域科技创新能力大幅提升，科技创新体系进一步完善，科技对推动城乡建设绿色发展、实现碳达峰目标任务、建筑业转型升级的支撑带动作用显著增强；《"十四五"建筑节能与绿色建筑发展规划》明确，到 2025 年，城镇新建建筑全面建成绿色建筑，建筑能源利用效率稳步提升，建筑用能结构逐步优化，建筑能耗和碳排放增长趋势得到有效控制，基本形成绿色、低碳、循环的建设发展方式，为城乡建设领域 2030 年前碳达峰奠定坚实基础；《农业农村减排固碳实施方案》提出，到 2025 年农业农村减排固碳与粮食安全、乡村振兴、农业农村现代化统筹融合的格局基本形成，农业农村绿色低碳发展取得积极成效。到 2030 年农业农村减排固碳与粮食安全、乡村振兴、农业农村现代化统筹推进的合力充分发挥，农业农村绿色低碳发展取得显著成效；《城乡建设领域碳达峰实施方案》从建设绿色低碳城市、打造绿色低碳县城和乡村、强化保障措施、加强组织实施四方面对城乡建设领域碳达峰工作进行了安排部署。结合相关文件，供销社系统可以从建设绿色社区、提升县城绿色低碳水平、推广应用可再生能源等方面入手，打通助力碳达峰碳中和的路径。

1. 抓住农业农村减污降碳机遇

建设绿色低碳社区是我国实现"双碳"目标的重要路径之一，《2030 年前碳达峰行动方案》指出要"建设绿色社区"；随后农业农村部、国家发展改革委联合印发了《农业农村减排固碳实施方案》。上海、重庆、济南等多地也陆续提出试点"碳中和社区"，通过在社区内发展低碳经济，创新低碳技术，改变生活方式，实现零能量消耗、零需水量及零排放等多项指标，形成结构优化、循环利用、节能高效的物质循环体系，"碳中和社区"更加注重社区能源规划，强调整体性的社区能源概念。

在三农层面，农业农村碳排放源主要包括农村建筑、公共设施等固定排放源、农用机械、生产交通车辆、居民使用私家车、摩托车等交通排放源、化肥的使用、养殖禽畜产生的碳排放以及种植区域形成的植物碳汇。减少碳源，增加碳汇，是实现双碳政策的关键，因此建议供销社系统可以通过废弃物回收利用、推动光伏使用、降低化肥使用、增加有机肥比例等减少碳排放，并通过大田托管等扩大农作物种植面积，提升碳汇增量，打造一批全国有影响力的碳中和社区样本。

供销社系统在城乡环境治理方面，承担着废弃农业生产资源如废弃农膜、秸秆、农药包装废弃物、废弃农机具、废弃基料等相关废弃物的回收利用工作，是大循环体系建设中的重要一环，供销社是再生资源回收利用的主渠道。多年来我国不断夯实再生资源工作基础，推进再生资源业务升级，在培育龙头企业、促进"两网融合"等方面取得了积极成效。2022 年供销系统再生资源的销售总额达到 3 100 多亿元，同比增长 5.1%，全系统再生资源分拣中心发展到 3 700 多个。建立和完善城乡再生资源回收体系建设是促进碳减排目标实施的重要手段。

2. 抓住"整县开发"机遇

在"双碳"目标确立和大力发展绿色建筑、"新基建"建设的背景下，全国 2 300 多家电力企业、1 万多个县市园区和 13 万个乡镇园区均有碳交易压力和光伏绿建动力。BIPV（Building Integrated Photovoltaic）即光伏建筑一体化，是一种将太阳能发电（光伏）产品集成到建筑上的技术，它能使建材本身具备光伏发电功能，在众多建筑减碳形式中是解决建筑碳排的有效方式之一。推动 BIPV 的大规模市场应用，对"双碳"目标的达成具有重要的作用。目前在分布式光伏领域中，常规光伏占了 90%，BIPV 占比不到 10%，还有很大的发展空间。随着相关政策的出台，比如 2021 年国家能源局印发的《关于报送整县（市、区）屋顶分布式光伏开发试点方案的通知》提出"整县开发"政策，以及此前 2020 年住建部等七部门印发的《绿色建筑创建行动方案》，要求到 2022 年城镇新建建筑中绿色建筑面积占比达到 70%，2023 年 BIPV 很有可能迎来一个爆发性的拐点。原来的分布式对象主要以企业为主，整县开发推进后，变成了园区、企业、市政公用、社区、乡镇、村子都可以进行开发。因此，光伏行业将形成一套相对完整、可以打通的供应链，市场规模化具备条件。整县开发推进后，从以前只做好企业、好屋顶，变成现在老的、旧的、漏的、翻新的建筑都可以做；整县开发、整体开发和 BIPV 的价值，从业主的收益、投资商的收益、开发的规模上都将有一个量级的提升。在政策的驱动下，BIPV 在分布式光伏的占比约从现在的 10% 变成 90%，就像单晶替代多晶一样。此外，鉴于光伏组件即将迎来大规模"退役潮"，到 2030 年，或将达 150 万吨左右；到 2050 年，将达到 2 000 万吨，将约占全球光伏组件报废总量的 26%。因此，建议充分运用供销社系统的网络力量以及地方业主身份，与大型光伏企业合作，推动组团式发展，积极开展当地绿色低碳县城建设，开拓"整县开发"业务，参与、推动当地可再生能源的规模化应用，共同推进退役光伏组件回收利用。

3. 抓住海上风电开发机遇

在"十四五"规划中，国家能源局提出全国风电光伏发电要占到全社会用电比重的 11% 左右，后续逐年提高，到 2025 年达到 16.5% 左右。目前来看，预计整个"十四五"期间风电装机量会迎来质的增长。我国已有 24 个省份将风电纳入"十四五"规划纲要，其中广东规划明确提出发展海上风电，从而有望成为第一个实现海上风电平价上网的地区。风电和光伏一样都是新能源的重要组成部分，过去风电板块整体估值水平远低于光伏，其核心限制因素是风电装机规模的增速低于光伏。

2021 年以来，风电大型化带动了风电板块的整体度电成本快速下降，提升了整个板块的盈利水平，带动了行业整体发展，海上风电的抢装带来了规模的高增，增长率已经达到 221%。随着大兆瓦风机的逐步推广，以及深远海的飘浮式风机的推广应用，"十四五"期间海上风电工程投资造价有望整体下降约 20%。与煤电对标来看，风是免费的，风电设备可以实现降本增效，发电生产成本已经远远优于煤炭发电与天然气发电，未来有可能与水电的成本接近，选址也集中在风能常年充足的近海农村区域。因此，供销社系统能带动辐射农村地区发展，激活当地供销组织、基层供销社、社直企业的力量和资源，以股份形式注资到各类新型农村海上风电经营主体或企业，参与所在地风电开发项目，在推动绿色低碳发展的同时推进社有资产保值增值。

4. 抓住废电池固废处理行业机遇

在实现碳中和目标的过程中，保障可再生能源消纳的关键之一就是储能。近年来，光伏、风电发展迅速，但电被发出后，若没有及时使用或者没有储存起来就会白白浪费掉，从而造成"弃光""弃风"的现象。因此，2021 年以来国家发改委、国家能源局密集出台了多项支持新型储能技术发展的政策，新能源与储能融合发展的大势已经形成，如储能左擎清洁能源产业、右牵动力电池与新能源车等赛道，从而为实现双碳目标起到关键支撑作用。从市场规模潜力来看，储冷、储热市场需求达 8 000 亿元以上，其中电池再生行业市场潜力为 5 000 亿元以上、废电池固废处理行业市场潜力为 2 000 亿元以上。随着我国新能源汽车产销量和动力电池装机量的快速增长，动力电池的退役量也在逐步攀升。2020 年，我国动力电池累计退役量约 20 万吨，到 2025 年预计将接近 80 万吨，待退役动力电池仍具有 80% 左右，实现碳中和目标必然要增加其回收利用率。通过存储并按需供应给需求侧是最有效措施之一。目前退役动力电池及其废料的回收、资源化、无害化、再生利用的全生命周期价值链体系已经初现规模，建议供销社系统聚焦城乡电池固危废高效资源化利用和无害化处理项目，抓紧构建安全、节能、环保、经济的绿色管理体系，助力推动地方经济社会高质量发展。

三、中国再生资源回收利用协会碳减排相关工作

（一）密切配合行业主管部门扎实推进相关工作

2021年4月，中再生协会受国家发展和改革委员会资源节约和环境保护司委托，对再生资源行业碳减排贡献开展有关研究工作。协会对全行业进行了广泛调研，针对再生资源主要品种碳减排定性分析多、定量分析少的情况，深入分析再生资源回收利用行业月碳减排的定量关系，对主要品种的源头减量、能源替代、节能提效、产品碳足迹和碳排放核算方法进行了系统论证，并提出了初步的再生资源行业碳减排和碳中和相关政策的建议。研究报告《再生资源回收利用与碳减排的定量分析研究》被国家发展和改革委员会采纳，择要刊发后成为再生资源行业碳减排工作的重要基础性参考资料。

（二）大力建设再生资源行业碳排放统计核算标准体系

在国家发展和改革委员会的支持下，协会从2021年开始建设再生资源主要品种碳排放标准核算体系。两年内牵头发起多项再生资源行业主要品种碳排放/碳减排核算等基础通用标准的制定工作，扎实推进我国废纸、废塑料、废钢铁、废旧纺织品、废钢铁、报废汽车拆解、废旧家电拆解、退役光伏组件等品种经营企业的回收、分拣、再生利用等碳排放相关工作，持续填补国内行业空白。目前，协会主导编制的碳排放通用标准体系基本实现了主要品种的覆盖，不但为有关部门下一步制定主要品种回收利用的双碳政策提供了重要依据，而且为资源循环利用体系和企业的碳减排贡献提供了数据支撑，更为行业企业进入市场化交易体系如绿色金融、碳交易提供了更多实现价值的可能，在国家发展和改革委员会资源节约和环境保护司的支持下，下一步协会准备将已经发布的相关团体标准逐步升格为行业标准或者国家标准，进一步引领行业碳减排工作。

（三）深入研究再生资源推广使用制度对碳减排工作的贡献研究

2022年完成国家发展和改革委员会资源节约和环境保护司委托的课题《再生资源推广使用制度及对碳达峰、碳中和贡献研究》，通过研究，进一步明确了再生资源

回收利用可以通过减少原材料开采及产品生产过程等价值链上的碳排放，积极推动实现碳达峰和碳中和目标的实现。与此同时，对产品生产过程中更多采用再生资源的减排效果、激励政策、推广模式、预期效果、国内外比较等进行了深入研究，提出了以下政策建议。

一是率先在碳减排机制研究基础扎实的品类开展企业碳排放核算、产品碳足迹评价，通过对比原生产品碳排放数据，量化再生产品（资源）碳减排贡献。

二是建议探索资产化实现路径，以碳排放核算标准为基础，研究制定行业碳减排资产认定、登记和管理规范，采用国际通用的技术和方法，对企业碳减排量开展资产化认定，保证碳减排资产价值的客观和公允。 此外，建议加强碳减排项目数据库与金融信用信息基础数据库对接，实现互联互通、共享共用。支持金融机构探索开展以碳减排资产为抵质押标的物的金融业务，推动企业碳减排资产价值实现。

三是建议分品类分阶段制定产品中再生资源的最低含量标准，作为各品类"十四五"时期的重点任务，列入行业发展规划。 与此同时，做好再生产品的销售保障，优先明确政府采购、央企采购再生产品的比例，并将其作为政府、企业参与碳达峰碳中和的一项具体指标纳入考核范围。

四是发挥市场在再生资源推广使用中的作用，为行业注入更多的生机与活力。 参考国际主流认证制度，从再生产品入手，建立以产品中再生资源含量为导向的可追溯的认证制度，为解决税收优惠制度、政府采购制度等有产品中再生资源含量要求的各项制度的执行提供便捷的市场工具；同时通过从产品到再生原料的逆向追踪核查，反映企业生态设计情况，为再生产品颁发证书与标识，以发挥展示和宣传再生产品的作用，为建设统一的再生资源大市场打好基础。此外，力争实现与国际认证方式互通互认，消除国内外在使用再生材料方面的障碍，推动国际贸易往来。

作者简介

潘永刚，现任中国再生资源回收利用协会副会长兼秘书长，本科毕业于中国人民大学哲学系，先后获得清华大学公共管理硕士学位（MPA）、中国人民大学高级工商管理硕士学位（EMBA）。曾在中央国家机关、中央直属企业工作，先后担任中国再生资源开发有限公司行政总监、总经理助理、大连再生资源交易所副总经理，具有十多年再生资源行业研究和管理工作经验，多次参与国家主管部门关于再生资源和循环经济发展规划、产业政策的起草工作。

（潘永刚个人照片）

蔡海珍，中国再生资源回收利用协会副秘书长

唐艳菊，中国再生资源回收利用协会副秘书长

附表　地方农村人居环境治理立法情况

持续改善农村人居环境是乡村振兴的重要内容。一些城市以立法的形式明确农村人居环境治理的内容和重点。本书梳理了当前农村人居环境治理立法情况，以供参阅。

表1　我国农村人居环境治理立法情况（部分）

序号	文件名称	发文字号	制定机关	公布日期	施行日期
1	《呼伦贝尔市乡村人居环境建设管理条例》	呼伦贝尔市第五届人民代表大会常务委员会公告第18号	呼伦贝尔市人大（含常委会）	2023.1.3	2023.5.1
2	《赤峰市农村牧区人居环境治理条例（2022修正）》	赤峰市第八届人民代表大会常务委员会公告第3号	赤峰市人大（含常委会）	2022.10.26	2022.10.26
3	《龙岩市农村人居环境治理条例》	龙岩市人民代表大会常务委员会公告〔6届〕第3号	龙岩市人大（含常委会）	2022.9.30	2022.12.1
4	《娄底市农村人居环境治理条例》	娄底市人民代表大会常务委员会公告2022年第1号	娄底市人大（含常委会）	2022.8.19	2022.10.1
5	《三都水族自治县村寨人居环境治理条例》	-	三都水族自治县人大（含常委会）	2022.4.26	2022.08.1
6	《济宁市农村人居环境治理条例》	-	济宁市人大（含常委会）	2022.1.26	2022.5.1
7	《鹤岗市农村人居环境卫生管理条例》	鹤岗市第十六届人民代表大会常务委员会公告第7号	鹤岗市人大（含常委会）	2021.10.29	2022.1.1

序号	文件名称	发文字号	制定机关	公布日期	期
8	《鄂尔多斯市农村牧区人居环境治理条例（2021 修正）》	鄂尔多斯市人民代表大会常务委员会公告第 12 号	鄂尔多斯市人大（含常委会）	2021.10.19	2021.10.19
9	《肇庆市农村人居环境治理条例》	肇庆市第十三届人民代表大会常务委员会公告第 30 号	肇庆市人大（含常委会）	2021.10.15	2022.1.1
10	《四平市乡村人居环境治理条例》	四平市第八届人民代表大会常务委员会公告第 41 号	四平市人大（含常委会）	2021.10.11	2021.11.1
11	《眉山市农村人居环境治理条例》	眉山市人民代表大会常务委员会公告第 40 号	眉山市人大（含常委会）	2021.8.11	2021.9.1
12	《忻州市乡村人居环境治理促进条例》	忻州市第四届人民代表大会常务委员会公告第 7 号	忻州市人大（含常委会）	2021.8.9	2021.10.1
13	《马边彝族自治县人居环境综合治理条例》	马边彝族自治县第九届人民代表大会常务委员会公告第 11 号	马边彝族自治县人大（含常委会）	2021.6.10	2021.7.1
14	《辽源市农村人居环境治理条例》	-	辽源市人大（含常委会）	2021.5.28	2021.7.1
15	《白城市农村人居环境治理条例》	白城市第六届人民代表大会常务委员会公告第 20 号	白城市人大（含常委会）	2020.12.10	2021.5.1
16	《松原市农村人居环境治理条例》	-	松原市人大（含常委会）	2020.8.12	2020.10.1
17	《宽甸满族自治县农村人居环境管理条例》	-	宽甸满族自治县人大（含常委会）	2020.5.11	2020.7.20

序号	文件名称	发文字号	制定机关	公布日期	施行日期
18	《焉耆回族自治县农村人居环境整治条例》	-	焉耆回族自治县人大（含常委会）	2020.4.23	2020.5.1
19	《峨边彝族自治县人居环境综合治理条例》	-	峨边彝族自治县人大（含常委会）	2020.3.31	2020.5.1